U0323234

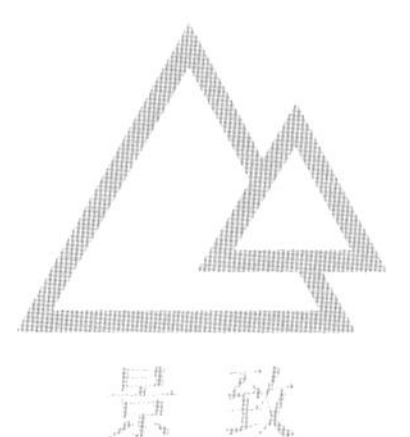
景致

遇见更好的风景

风景园林师的
1000个提示

[乌拉圭] 达尼埃拉·桑托斯·夸尔蒂诺

王春玲 王春能 译

中国林业出版社

北京市版权局著作权合同登记号：01-2018-2696

图书在版编目（CIP）数据

风景园林师的1000个提示 / (乌拉圭) 达尼埃拉·桑托斯·夸尔蒂诺编；王春玲, 王春能译. -- 北京：中国林业出版社, 2018.12

书名原文: 1000 tips for landscape architects

ISBN 978-7-5038-9831-0

Ⅰ. ①风… Ⅱ. ①达… ②王… ③王… Ⅲ. ①园林设计 Ⅳ. ①TU986.2

中国版本图书馆CIP数据核字(2018)第255624号

责任编辑： 何增明　孙　瑶
出版发行： 中国林业出版社（100009 北京西城区刘海胡同7号）
电话： 010-83143629
印刷： 北京雅昌艺术印刷有限公司
版次： 2019年1月第1版
印次： 2019年1月第1次印刷
印数： 2000
开本： 889mm×1194mm 1/16
印张： 20
字数： 600千字
定价： 198.00元

目　录

引　言

当我们联系景观设计师编写这本书时，我们希望能有好的反响，但我们从来没有想过反响会如此热烈。我们要求每个建筑师起草10个从他们自己的项目中获取的景观设计想法或提示，并用相应的图片进行说明。

除此之外，对每个提交的作品都限定了字数，以保持公平——对于写法和内容建筑师可以自由发挥。我们还希望书中的项目能够代表地球的不同角落，同时兼顾运营已久的公司和新兴的公司。

由于我们选择的专业人员的特点不同，获得的反馈多种多样。有些是经验丰富的建筑师，他们为刚开始职业生涯的学生和同行撰写了提示，而另外一些建筑师选择以自己有特色的项目为案例提出建议。

对于从业人员以及那些喜欢并欣赏其设计的空间的人来说，该书是一本珍贵而内容丰富的汇编。言其珍贵是由于本书收录了100名专业人士的经验，其中许多跻身世界最好的设计师之列。言其丰富是由于本书公开了成功专业实践的要领。

对于那些不是建筑师的人，也会在书中发现许多非常有用的信息，这些信息有助于我们发展为严谨和负责任的公民。这本书主要收录的项目为那些通常被认为属于我们的区域，在这些区域我们认为自己有资格说出我们的想法。要提出想法，我们必须有学识，见闻广博。

在本书中，许多精选的建筑师谈及促进社会发展的公共空间的设计，并把既可促进文化和世代间融合与交流又在美学上引人注目且丰富多彩的设计引为参考案例：孩子们玩耍的当地公园、我们骑车的景观大道、与朋友聚会的广场、穿过城市的河岸、市政厅花园、野生动物保护区……而其他设计师选择专注于私人或半公共场所空间的设计，如住宅花园、户外商业区、学校操场、医院绿化区、墓地或露天博物馆。

所有的设计师都共同关注如何以美丽与和谐来改善我们的生活。在创造可持续景观、负责任地使用自然资源、尊重场地历史以及公众参与方面大家意见一致。大家共同相信我们必须为子孙后代留下一个更美好的世界。

然而，每个人对如何实现这一目标都有自己的见解，其答案蕴含在本书揭示的1000个提示中。

达尼埃拉·桑托斯·夸尔蒂诺

1/1 Architecture

土耳其

Deryadil S. No: 25/2
34357 Beşiktaş, Estambul, Turquía
Tel.: +90 535 567 4136
www.onetooneistanbul.com

0002
在有历史感的阿拉斯塔集市入口两侧设计两个倒影池，池中倒映着珠砂玉兰，形成历史建筑阿拉斯塔大厦的补充并使之形成整体的效果。塞利米耶的阿拉斯塔集市倒影池（*Water Mirrors of Arasta-bazaar of Selimiye*）。

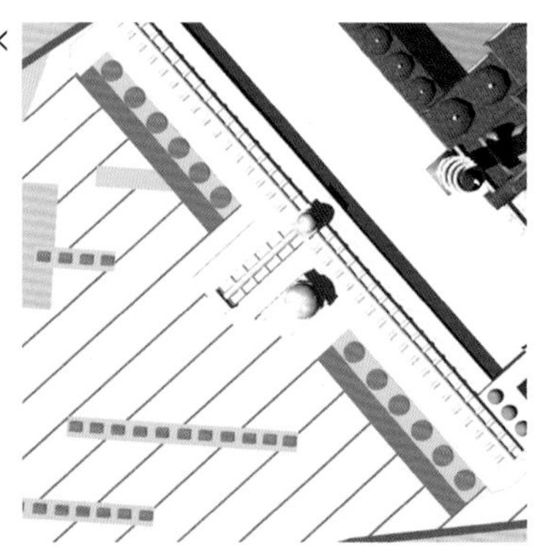

0001
观景平台坐落在环绕塞利米耶清真寺前广场的绿带中，采用轻质材料系统建成，两层高。观景平台使参观者可以感受其所处的历史场所，得到不同的观察感受及不同的尺度感，使得该场所有着不同的感知体验和神奇的氛围。塞利米耶观察平台（*Selimiye Observation Platforms*）。

0003
由城市生活的各种活力和遗迹获得启发，将城市广场转变为一个互动装置空间。设计尊重历史，并使历史氛围的创造不仅局限于塞利米耶清真寺，而是散布于整个城市，融入城市的精神中。塞利米耶清真寺广场上的画架装置（*Easel Installation on the Selimiye Mosque Square*）。

0004

设计概念的原则综合为基于生命存在，源于艺术、思想自由和自然可持续。因此，替代能源——太阳能风力涡轮机被象征性的作为提供清洁能源的装置布置于乡村，成为流行花园的卓越标志。穆拉特京迪兹纪念公园混合能源装置（*Murat Günduz Memorial Park Hybrid Energy Installation*）。

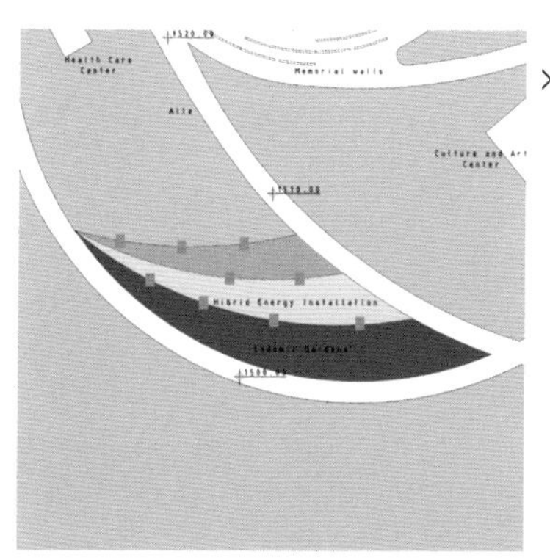

0005

一个环形广场营造了座谈空间，座椅以环形户外剧场的风格布置，象征着思想的自由。纪念墙上的文字展示并阐释了33位不幸惨遭杀害的学者和艺术家的艺术品及生平。穆拉特京迪兹论坛广场和纪念墙（*Murat Günduz Forum Square and Memorial Walls*）。

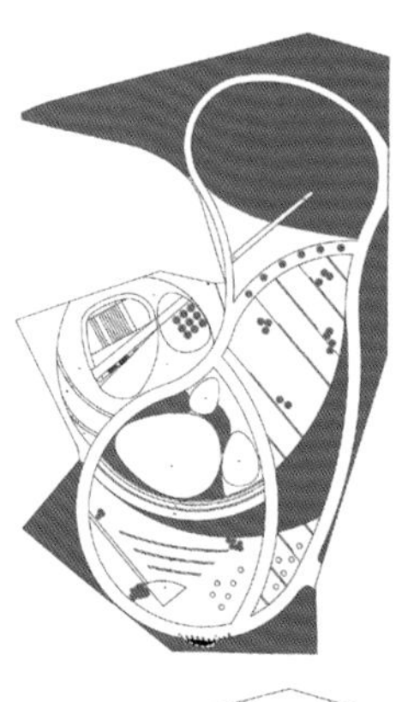

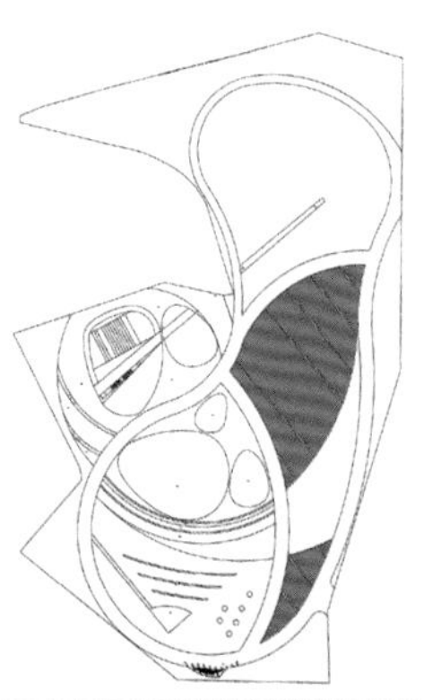

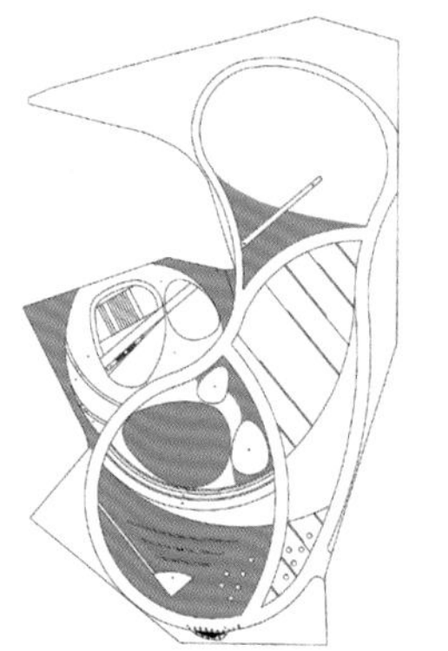

0006 

塞贝利山顶是一处桥状的构筑物，用于提供可与公园产生视觉互动并观察建筑的场所，其坐落在塞贝利山坡的树木种植园内。塞贝利山顶（*Top of Cebeli*）。

0007 ➤

景观设计提供具有象征性的建筑，在结构周围采用圆滑的景观造型使不同的功能可以连结为一体。塞贝利山顶景观构筑物（*Cebeli Hill Landscape Fabric*）。

0008

设计源于要建立一个地标建筑的想法。塞贝利山坐落于地中海城市，以阳光、自然和地中海为焦点，设计深化并融入创造优美剪影的概念。剪影建筑/虚构之物（*Silhouette Construction/Fiction*）。

0009

建筑规划建设于工业城市宗古尔达克的一座闲置的工业设施内，使使用者可以自地面餐厅到达绿屋顶。这不但保证了视觉质量也对改善城市小气候进行了尝试。宗古尔达克选煤厂图书馆大楼——绿色屋顶（*Zonyuldak Coal Washery Library Building-Green Roof*）。

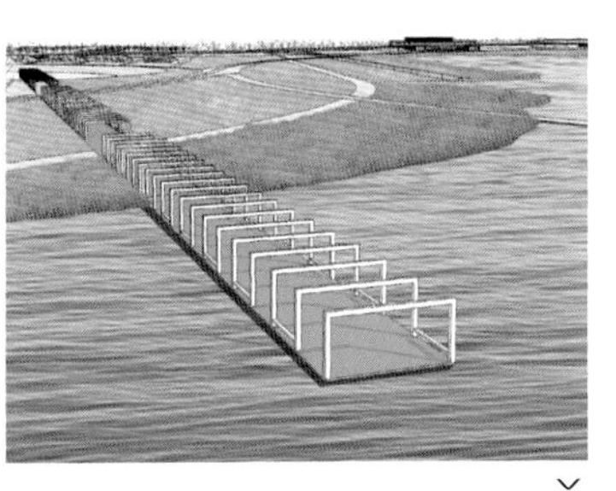

0010

伊兹米特湾上的红桥自人工湖延伸至马尔马拉海的水面中，这样在设计区域的中心创造了一个活动场地和邻里社区，通过生态与娱乐兼顾的规划使该地标形成了人与景观的物质和视觉联系。红桥（*Red Bridge*）。

1:1 landskab

丹麦

Kigkurren 8G, 4 sal
2300 Copenhagen S, Denmark
Tel.: +45 3324 1208
www.1til1landskab.dk

0011 ▲
使之简洁：要塑造一个有特色和个性的空间需要一个简洁的想法，在这之后这个想法需要能贯穿和支持项目的所有方面。法国肖蒙特花园，2008年[*Garden at Chaumont-sur-Loire (F), 2008*]。

◄ 0012
传统与现代的混合：材料的对比可提高项目的个性及美感。丹麦，西勒洛德，索菲恩博格小学，2004—2007年[*Sophienborg elementary school, Hillerød (DK), 2004-2007*]。

0013 ▲
有机形式与结构化形式的叠加：当两种对比强烈的形式语言（即结构化形式及有机的形式、建筑形式及植物组成的形式）相叠加，可呈现出动感的空间。挪威，奥斯陆，城内德福斯城市公园，竞赛，2008年[*Nedre Foss citypark, Oslo (N), Competition, 2008*]。

0014 ➤
有力的设计概念：一个有力且富于故事性的设计概念可以创造出所有参与者对于项目的归属感。丹麦，哥本哈根，夏洛特艾梦德森广场，2005—2008年[*Charlotte Ammundsens square, Copenhagen (DK), 2005-2008*]。

0015 ▲
高质量的材料：使用高质量且有利于可持续发展的本地材料，并运用随着年代呈现出更多美感的材料有助于延长项目的生命周期。丹麦，哥本哈根，克拉森盖德庭院修缮，2008—2010年[*Classensgade courtyard renovation, Copenhagen (DK), 2008-2010*]。

0016

采用有特色的颜色：一个简单、经济有效，并可创造项目识别性和统一性的方法。丹麦，西勒洛德，索菲恩博格小学，2004—2007年[*Sophienborg elementary school, Hillerød (DK), 2004-2007*]。

0017

民主的场所：我们的城市变得越来越冷漠，因此创造了民主的空间使年轻人和老年人、富有者和贫穷者在此相遇和享受彼此的陪伴。丹麦，哥本哈根，夏洛特艾梦德森广场，2005—2008年（*Charlotte Ammundsens square, Copenhagen, 2005-2008*）。

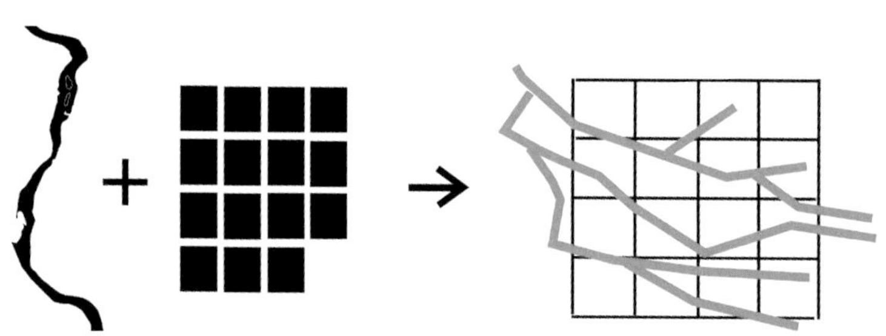

0018

娱乐性：在创造景观时可以融入能使人即兴参与和互动玩耍的娱乐性——不必所有的项目都那么严肃。丹麦，哥本哈根，夏洛特艾梦德森广场，2005—2008年[*Charlotte Ammundsens square, Copenhagen (DK), 2005-2008*]。

0019

种植树木：树木是我们城市的绿肺，没有树木就没有未来，所以要尽可能多种植树木。丹麦，欧登塞，克洛斯特巴肯住宅，2006—2008年[*Klosterbakken housing, Odense (DK), 2006-2008*]。

0020 

美是可持续的：一个美的项目会有更长的生命周期，大家会注意到它的美，去享受并呵护美丽的空间。丹麦，哥本哈根，夏洛特艾梦德森广场，2005—2008年[*Charlotte Ammundsens square, Copenhagen (DK), 2005-2008*]。

100 Landschafts Architektur

德国

Käthe Niederkirchner Strasse 7
10407 Berlin, Germany
Tel.: +49 30 4679 4671
www.100land.de

0021

时间意味着感情：在美产生并消逝之前，它是可见的。这是我们对自然感受的一部分。花园使这种过程变为有形，本花园使用图书作为建筑材料并利用它培育蘑菇，在森林中形成生命周期和新的知识。梅蒂斯花园节，知识花园，2010年。与罗德尼拉图雷尔合作完成[*Jardin de la Connaissance, Festival de Jardins de Métis (QC/CA), 2010. With Rodney LaTourelle*]。

0022

触摸：花园是关于到达和触摸的。甚至一个工业场地也可以变成一个花园。矛盾的是场地位于一个港口，但水面却是经常不可到达的。一个临时的花园港口使水可以触摸，可以观察。大型的塑料袋子装满港口的海水像镜面一样等距地摆放在码头的地面。法国，勒阿弗尔，临时花园港口，2001年[*Jardin Portuaire, Jardins Temporaires, Le Havre (F), 2001*]。

0023

不确定性。罗伯特史密森说："绝对纯粹花园的确定性是不会再有的。我们超越天堂的束缚，能自由展望使世界成为我们的花园：并重新考虑我们现代街景的多彩美丽。这个花园用道路标线带对新园艺形式进行试验。法国，勒阿弗尔，临时花园港口，德库勒花园，2000年[*Jardin de Couleur, Jardins Temporaires, Le Havre (F), 2000*]。

0024

植物的结构。植物的习性、纹理和树叶颜色的变化，比任何花朵开放的时间都要明显得多。这个住宅庭院里只使用了三种植物：蓝色丝状叶子的羊茅、茂密且红绿色叶子的岩白菜和铜亮色直立茎的拂子茅属植物。柏林，庭院公园绿化方案，2005—2008年。与莫里兹·施洛滕合作设计（*Planting Scheme Courtyard Chorinerstrasse, Berlin, 2005-2008. Design with Moritz Schloten*）。

0025

城市化意味着不断的过渡。在柏林，沙子是一种无处不在的建筑材料。最初沙堆的出现预示着变化。沙子具有强烈的触觉属性，是富有诱惑力使人想玩的材料。这是一个建筑工地还是一个禅园？造园家和路人之间发生了一场长达四天的游戏，而这鼓励了与城市的互动。柏林，亚历山大广场，临时花园，1998年（*Mark. Temporäre Gärten, Alexanderplatz, Berlin, 1998*）。

0026

耕耘一个地方。将22个传统的和新的薄荷品种组合成一个以前无法进入的棕地，可以使邻里的多元文化群体愉快地聚在一起。脚手架杆标明露地栽培点。维特斯薄荷花园在一个季节内进行城市文化传播实验。比利时，科特赖克，秘密花园，维特斯薄荷花园，2009年[*Vetex Mint Gardens, Secret Gardens, Kortrijk (B), 2009*]。

0027 ➤

利用台地：采用城市无数的台阶和场地的工业历史作为主题。四个常规的容器被对角线叠放在现有的坡地上，将容器中注入水、种植莲花，在山谷中创造出一种新的气象，并在后工业时代的场地建立一种新的平衡。瑞士，洛桑，埃斯卡利耶德劳苏安花园，2004年，与斯派克斯建筑师事务所合作[*Escalier d'Eau. Lausanne Jardins, Lausanne (H), 2004. With SPAX architects*]。

◄ 0028

日常发现：在城市中从事园艺更多是为了直接接触自然，而不是为了任何特定的结果。不同尺度的花园皆可搭起人与自然相遇的桥梁，为该种相遇提供可能性是一个责任重大的任务，需要考虑时间、维护和人的因素，而不只是一个设计问题。柏林，私人微型花园，2006—2010年（*Micro Garden, Private, Berlin, 2006-2010*）。

0029

活动即是交流：在引入行人、车辆、跑步者、小贩和其他许多交通流量的过程中，交通的轰鸣声可以被解读为一支舞曲，临时根据移动编排。这是在繁忙的柏林街头临时展示、为期一天的艺术装置，打开一个空间让权利、必要性和欲望在此调和。柏林，弗里德里希斯特拉斯的飞斑马，与马克普索尔合作（*Flying Zebras. Friedrichstrasse, Berlin, 1997, With Marc Pouzol*）。

0030

绿仅是一种颜色：除了景观单纯的用植被进行表达，我们也在寻求城市生活中更多样性的设计语言。在该项目设计中，于衰落的商业区采用广告招揽顾客，绿色灯光也是一种刺激手段，用以创造新的生命力。绿灯：卢瑟斯塔特·艾斯莱本路德-路线。竞赛入围，2007年，与米歇尔·德·布罗因合作（*Green Light: Luther-Route, Lutherstadt Eisleben. Competition Entry 2007. With Michel de Broin*）。

1moku co.

日本

Kyoto Simokyouku Honnsiogama
Kawaramachiplase 401, Japan
Tel.: +81 7 5351 6791
www.1moku.co.jp

0032

该项目为一个温泉度假村，该图片为一个用当地红土垒成的墙，我们设计以留住场地的记忆。

0031

这个花园项目在山形县中央火车站。我们设计中想象那些喷泉为最上川，河水激越的流动，如同国歌中的歌词。

0033

我们用苔藓建成景墙，苔藓意味着“妈妈的爱”，我们设计这个空间并想象其如同在母体中。

0034

这是一处禅园，位于京都旧城中心的一家餐厅中。我们呈现了一个水景却没有使用水。它们是河流、是大海。这是禅园的传统技法。另外，我们采用了尖锐的金属材料——钢铁使其具有现代感。庭院空间既传统又富有现代感。

0035

这是一座位于无声森林的私人花园，铺装石材体现了河水的流动，如同波浪的曲线来自传统公寓，白色和绿色的石头形成美丽的对比。

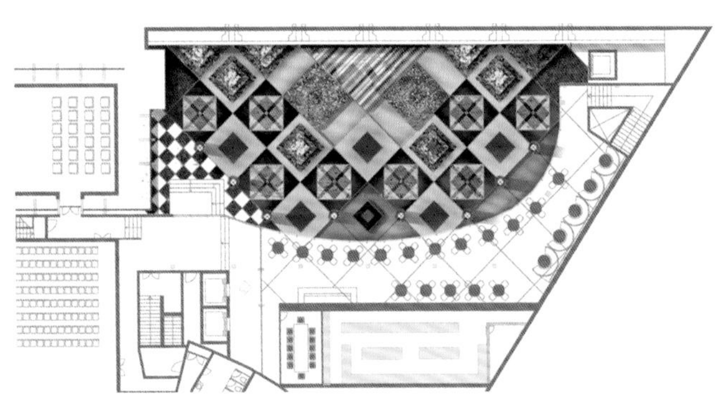

0036

上海大剧院是东方的第一所电影院，建于1928年，为艺术装饰风格，是中国历史和文化的一部分。在我们规划这座建筑的屋顶花园时考虑了其历史。客人们可以从屋顶花园眺望上海的风景。

0037

项目的主题为伊甸园。在花园的中心有巨大的种植钵和果树。该小品的尺度巨大，我们使它超出人们的想象。

0038

场地是无声花园围绕的疗养院，我们在屋前和屋后做了不同表达的花园。前院的花园更有关联性，因为这里是接待客人进入的空间。布满苔藓的小山延伸到庭院的侧面和后面，这是一个让人身心恢复平静的空间。

0039

项目为松山的禅宗寺庙。场地位于山上，我们规划使盆地中的花园能连接天空，因为对于禅的思想来说朝阳是非常重要的。

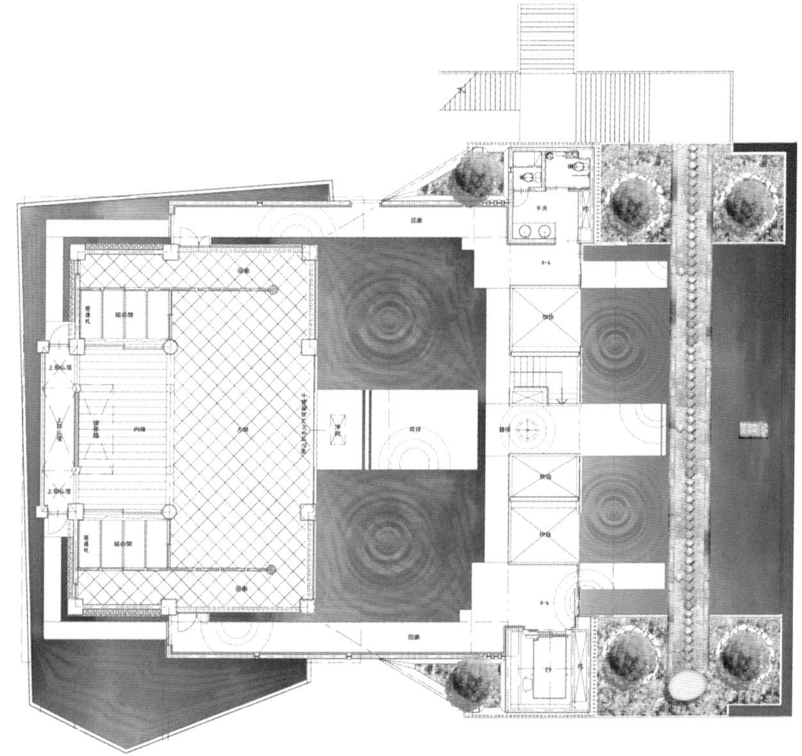

0040

竹子是很有弹性的材料，展览中茶室采用了竹子作为材料，当客人饮茶时，可以感受其清香并听到沙沙的竹子声。

3:0 Landschafts Architektur

奥地利

Gachowetz Luger Zimmermann OG
Nestroyplatz 1/1
A-1020 Vienna, Austria
Tel: +43 1 969 06 62
www.3zu0.com

0041

设计方法建立在对现有景观的抽象和重新解读。对于上奥地利州的佩妮德项目，设计师被告知要以汲取周围的文化景观为设计原则：集中区、农地和分散区。

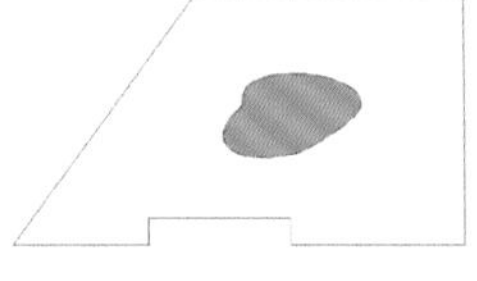

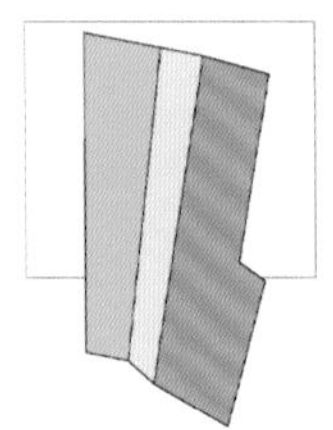

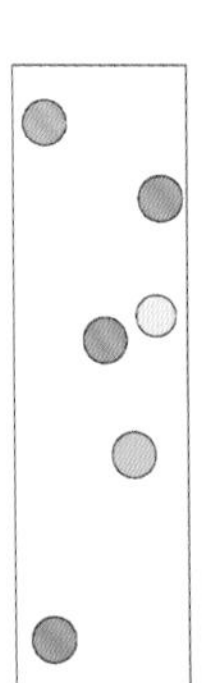

0042

格拉茨南部的铁路以13个地下通道为特色，其为在各自节点的扇形的挡土支护结构。由于铁轨的不同标高，自行车道、步行道和种植沿等高线的方向形成台地，以混合种植的形式连接彼此。这确保了标高间的流畅转化，并因其朝向的不同呈现出不同的颜色光谱。

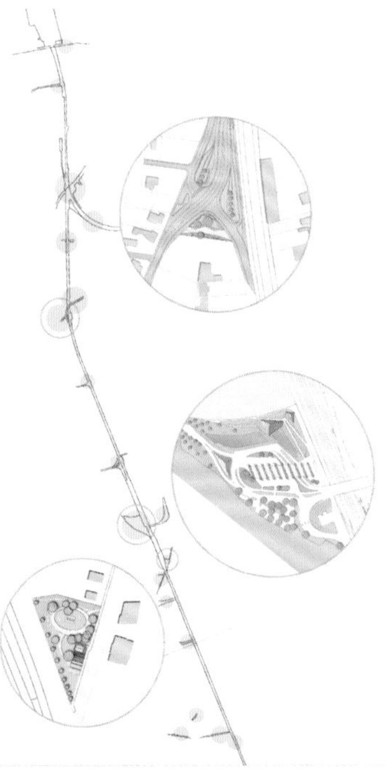

0043

为了在蓬高地区的阿尔滕马克特建设一个新的儿童活动场，将周围的山体削成一个山脊形，成为活动用的小山。波浪起伏的景观组织空间，使其本身成为一种活动设施。小型的步道蜿蜒其上，穿过或者越过山堤，连接各个活动区域，儿童在其中奔跑、骑车或者捉迷藏。

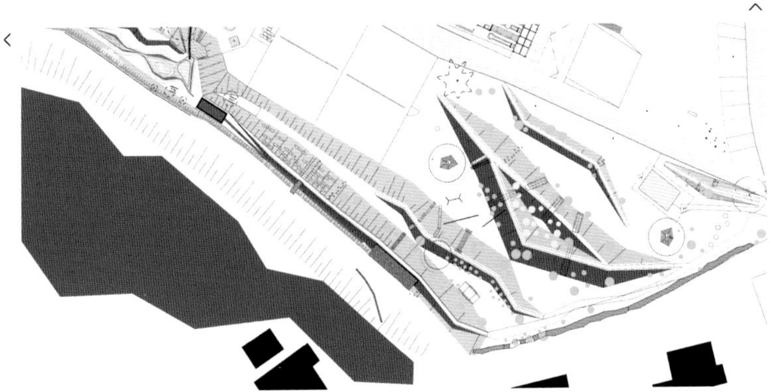

0044

维也纳机场的中心主题为几处对比：光明与黑暗、光滑与富有肌理；由大的分级卵石做成的石笼形成挡土墙，与光滑的混凝土表面及座凳形成质感的对比；耐候钢的锈红色如同来自阳光，与深灰色地面形成对比。

0045

在布尔根兰州的拉肯巴赫城堡公园，一个1.5m宽、150m长的小品将整个植物园框住，就如同一个画框，这个“框子”很特别地时而融入地形时而跳脱出来，因此参观者可以在不同地方的框子上或坐、或走、或玩。

0046

为了强化与周围景观的关系，我们采用了“借景”的手法将风景照片导入花园（如同戏剧舞台背景）。背景架子的中景和前景采用园艺发明来完成，产生一个立体三维的景深。花园房间这样就富有新的调性和质感。

0047

个性描述着一个地所和场地区别于其他地方的属性和标准。有着独特特点的场所和场地会留在我们的记忆里。

0048

使景观与其他专业的工作落地、沟通思想、提高总体状况并定义其额外的价值是我们工作的核心目的。

0049

植物和植被在不断变化。我们需要做的是制定维护策略和干预措施，使设计预期的效果可以在短期和长期得到实现。

0050 

空间质量、颜色、质感和光线赋予景观以生命，并创造了可以不断变化的氛围。重点是需要能够了解每个景观画面中对于增加景观氛围强烈程度的不同点在哪里。创造可以随着季节变化气氛、明确而且统一的景观意象是非常必要的。

70°N arkitektur

© Karla Ayala

挪威

PB 1247 / Strandvegen 144b
N-9262 Tromsø, Norway
Tel.: + 47 77 66 26 70
www.70n.no

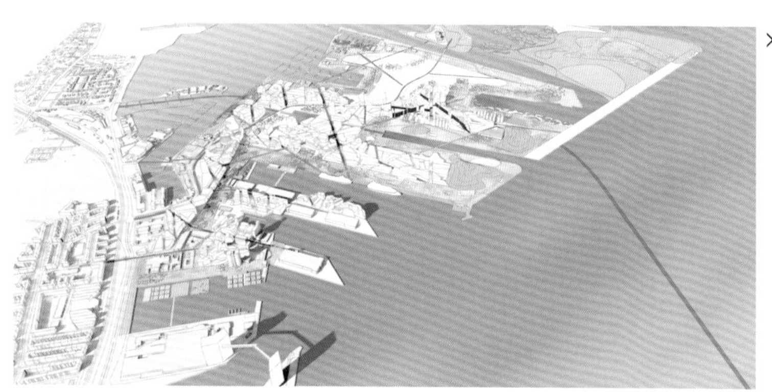

0051

聚焦于城市滨水生态。当工作对象为旧工业填埋场时，水和陆地的转化，甚至海床本身，应该成为行动和关注的场地。在我们对哥本哈根诺德海文的获奖规划方案中，将所有的水通道都看成与海景进行动态对话的个体景观。这些动态的边缘为区域提供了娱乐和生态价值。合作伙伴：达尔和乌瑞尔建筑师（*Partners: Dahl & Uhre arkitekter*）。

0052

在城市中的滨水地区重建生物多样性，建立全新的城市景观。在我们的挪威特罗姆瑟方案中，滨水生境及湿地成为了公民的一个公共休闲地，同时也是物种多样性的栖息地，而不仅仅是开发商的一处建筑开发。

0053

将光线和季节的转变引入项目。特罗姆瑟的斯特朗坎登项目在冬天的蓝色光线下变化巨大，将被雪覆盖的围栏和昏暗的光线完全的显露出来。作为冬季两个月看不到太阳的北极地区，整个区域的照明也经过用心设计。光的建筑：瑞典的路易斯塔基克图尔照明设计公司（*Light architect: Ljus arkitektur*）。

0054

在高密度的城市环境中，将大自然整合到建筑物。我们在奥斯陆设计的迪希曼斯克新图书馆中，让森林贯穿建筑物，利用多色彩的景天地被如同地毯覆盖屋顶花园，模糊了城市和自然的过渡空间。合作伙伴：达尔和乌瑞尔建筑设计师（*Partners: Dahl & Uhre arkitekter*）。

0055

重新发现在城市的基础设施中失落的景观。在卑尔根建筑学校的“城市即为生境”的硕士设计课程中，一组学生通过“腓特烈斯贝（Fredriksb-eig）晴朗的一天”项目，在位于马尔默的一个交通路口重塑了一个秘密空间的潜力。这里场地的单一功能所具有的面貌被质疑，所以采用一种特异行为，用可以唤起活力的日常活动来占领这里。

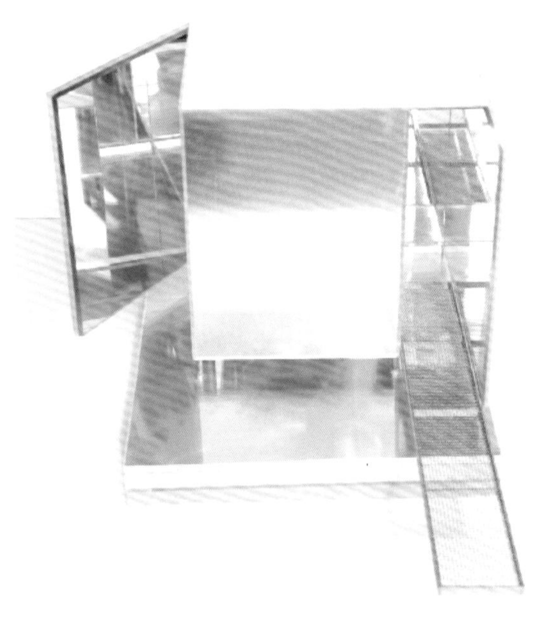

0056

优化既定的品质。从布林肯露台看出去的卓越景色，经过大面积窗户的框景创造了强化的体验。露台朝向景观和太阳，同时创造一个小气候良好的受保护的角落，使居民尽管在特罗姆瑟北极气候条件下也可以享受户外环境。

© Ivan Brodey

0057

善用幻觉使梦想发生。我们在英国维多利亚与艾尔伯特博物馆展览“1.1”项目中，我们设计了两个紧密相关的小构筑物，它们既是场地的自然元素，又孤立、强化，并从其文脉跳脱出来。神奇的镜子使新的不能预见的世界变为现实：无尽的大海和永恒的森林在英国维多利亚与艾尔伯特博物馆的墙体外延伸到远方。

© Bjørn Jørgensen

0058

在所有季节的每个瞬间，都对景观剖面中所有部分（包括外部、内部、上部、下部和所有其间的过渡部分）赋予活力、整合功能，充分利用。在特罗姆瑟的斯特朗坎登城市发展中，我们针对有顶棚停车场区域设计成配备玩耍、体育运动、冥想、园艺、走动、休息和遇见等设施的中间景观地带。

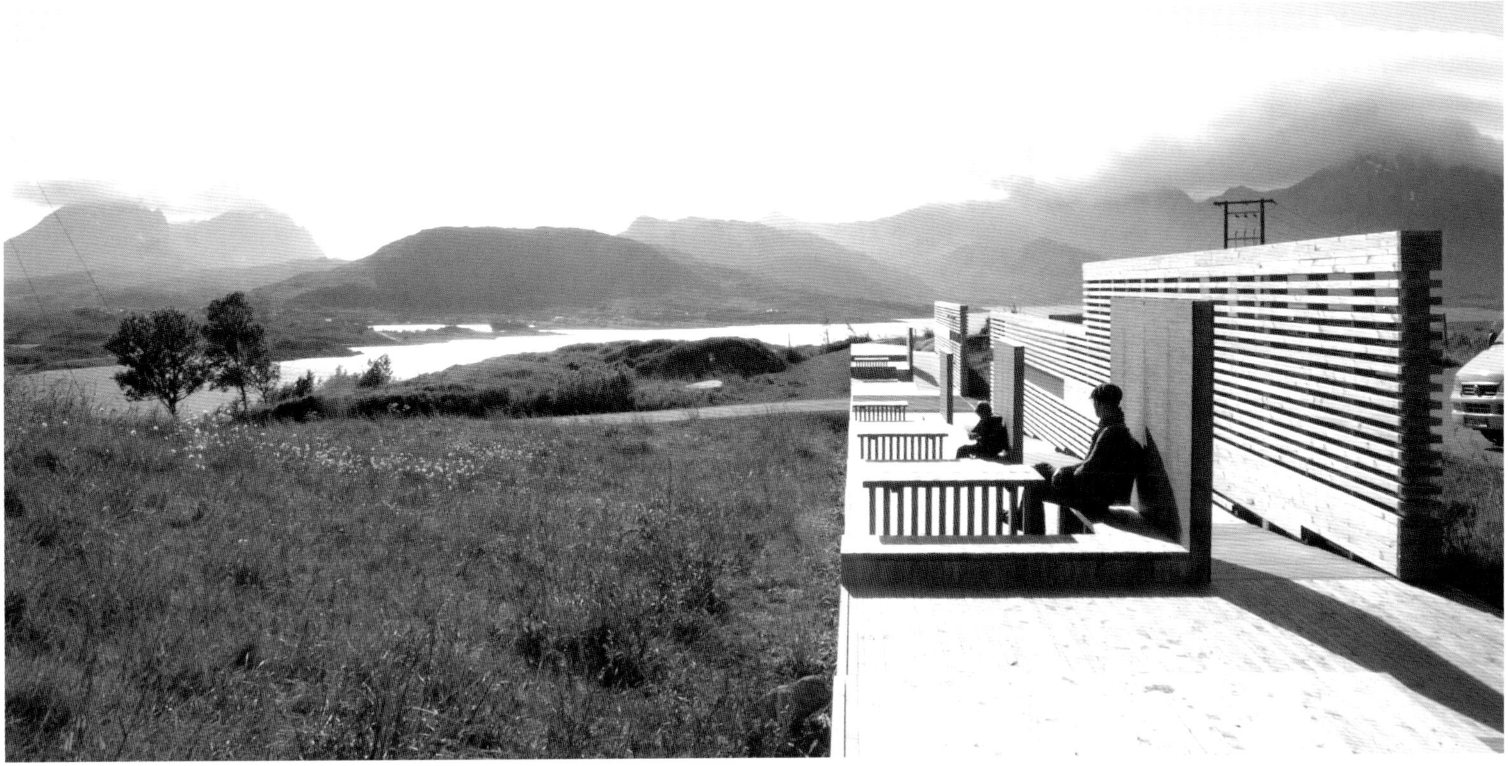

0059

使享受最大化而使对环境的影响最小化。在托夫达尔沙尔斯休息区，采用墙体切入场地，使停车区域与休息区、阳光和风景分隔开。座椅区被矮墙遮挡，矮墙采用深色的木板来吸收和储存太阳的热量，形成一个良好的小气候。

© Vegar Moen / 70°N arkitektur

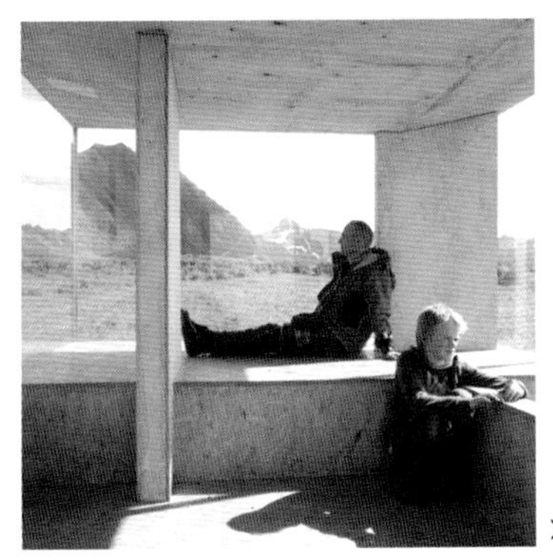

0060

对周围环境冥想，与环境相遇。在罗弗敦群岛格兰弗的自行车骑手休息室中，你可以对着景观冥想，与周围自然环境360° 的接触：这是一个自然景观的观察站，本身不惹人注意但是在场地上却非常现代。

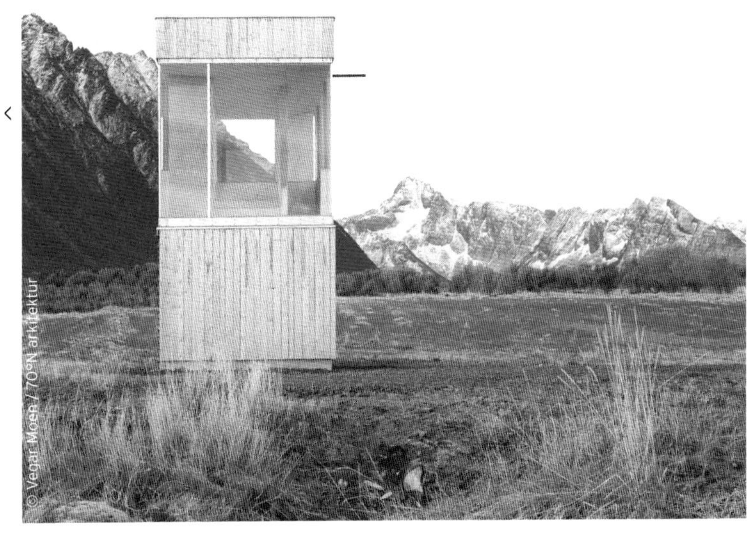

Acconci Studio

美国

20 Jay Street, suite 215 Brooklyn
New York, NY 11201, USA
Tel: +1 718 852 6591
www.acconci.com

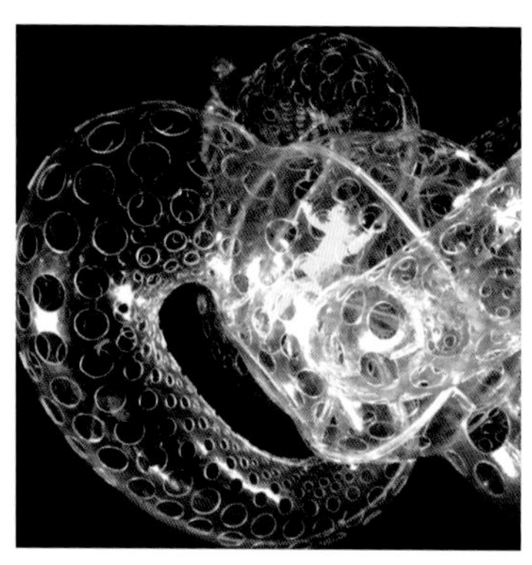

0062

创造一个世界，然后撕裂和打破这个世界，在圆形剧场的中间创造出条纹状的景观，就如同河川和溪流，在舞台活动的中间，你与另一个人相对而坐，面对面的、私人的……座位内有座位，“你和我在露天剧场的中间”。斯塔万格新音乐厅圆形剧场，2009年至今（*Amphitheater, New Concert Hall, Stavanger, 2009-current*）。

0061

连续的表面，无尽的景观。由于克莱因瓶没有内外之分也没有边界，如果一只蚂蚁、一只蟑螂或一只獾被放置在它的表面、里面或外面，它都可以离开——而不需要被拿起来或从一侧飞到另一侧。克莱因瓶游乐场，2000年至今（*Klein-bottle Playground，2000-current*）。

0063 

折叠、包围、嵌入。让我们将山做成台阶，把房子建成山的梯田，把房子挤进山的褶皱中：建筑物躺下来成为景观.....法国，阿尔代什，博蒙特，山上/山中的住宅，2006年（*Housing On / In The Hills, Beaumont，The Ardeche，France，2006*）。

0064

山体滑坡、陆地移动，土地已被移位。移位的土地抬升或塌陷，就像冰川从水中上升下降一样，而水则渗入树林之间的土地。海牙，水中公园，1997年（*Park in the Water，Hague，1997*）。

0065

便携式景观，像寄生虫一样的景观，像病毒一样的景观。土地本身可以像炸弹一样捡起来，然后出口到其他地方；一块土地可以贴在建筑物上，就像水蛭一水蛭会长大一或插入建筑物，并穿过建筑物，如癌症一癌症将会增长。圣地亚哥-德孔波斯特拉，建筑上的公园，1996年（*Park Up A Building，Santiago de Compostela，1996*）。

0066 ➤

修改、适应、变化、变色龙景观。高处影响低处、建筑物影响景观、塔楼改变庭院。下到庭院中，景观中裁剪出一个圆环；上到塔楼内部，风力发电机产生电能，带动广场上的圆环旋转。慕尼黑，风之庭院，2000年（*Courtyard in the Wind, Munich, 2000*）。

0067

伸展、蔓延、拉伸。一个有触角和触须的景观。使地形抬高的区域形成滑板公园：它沿着餐厅顶部的人行坡道向下流动——流过人造小山——流向山丘，离开高原边缘，越过海洋……一个滑翔于大地、落入大海的滑板公园。圣胡安，第三千禧公园，2004年（*3rd Millennium Park, San Juan, 2004*）。

0068 ➤

云和空气的景观，颠倒的景观。天空在这里通过光纤传输到上面的太阳能电池板的底部：它是像素天空，是电视形成的天空。天空在水池中倒影出来：你在格栅汀步上行走，走在水面上方，但却如同在天空中行走。布法罗大学的太阳能公园，天空公园，2010年（*Sky-Park, Solar Park at the University, Buffalo, 2010*）。

0069

颗粒和纤维、像素和颗粒的景观。就如同你在空中漫步，它是浓密的空气、有形的空气。你挤过去，你挂在一根线上，靠一根细丝拯救你。这是景观的终结吗？没有什么可指向的，或者有太多东西却无法一次指向所有的东西……但是有一切可以触及并且处于中间。纽约，古根海姆博物馆，蜘蛛博物馆，2010年（*Spidermuseum, Guggenheim Museum, New York, 2010*）。

0070

景观从地面开始，从下至上，从内到外：出现——成长。（是你点燃荧光：一个闪光点影响另一个，就像一块磁铁——荧光不断增加如同一群萤火虫——而当另一个行人、另一个骑自行车的人来到时，一些萤火虫发现了新的吸引它们的东西，这时一群新的闪光点出现在其他地方……）印第安纳波利斯，群街，2007年（*Swarm Street, Indianapolis, 2007*）。

Aldayjover arquitectura y paisaje

西班牙

Av. Portal de l'Àngel, 3-5, 1º 2ª
08002 Barcelona, Spain
Tel.: +34 93 412 16 63
www.aldayjover.com

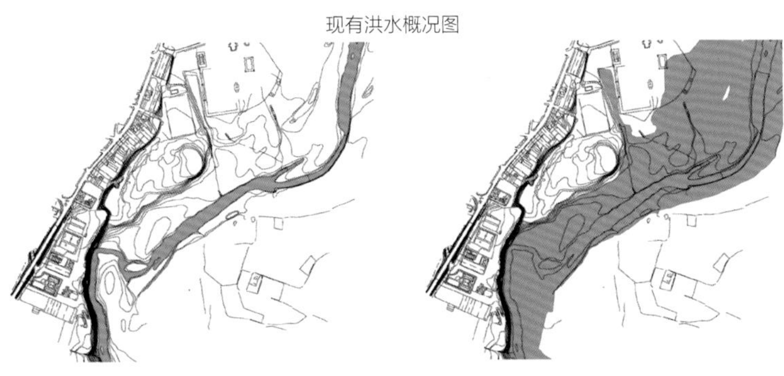

0071

记忆：土地支撑着不同历史时期的干预措施，每项措施都没有真正删除前一项，我们应理解历史会不断增加场地的复杂性，并尊重不同世代的痕迹。该景观不是简单的勾画，而是一片土地与其居民关系的历史。水上公园的航拍照片，其布局与其前身农业地块相同（*Aerial photo of the Water Park. Its layout is the sameas the former agricultural plot*）。

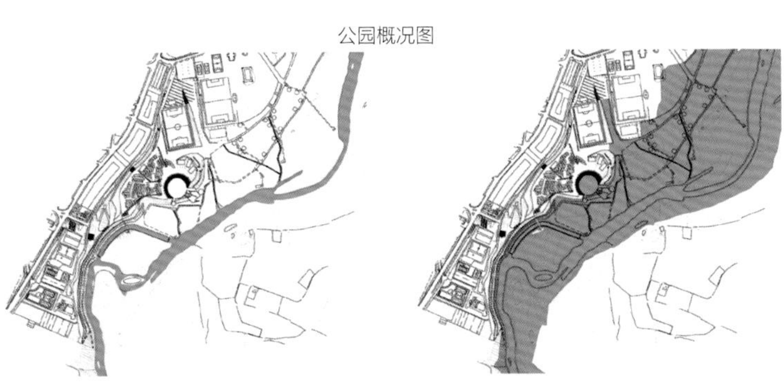

© Jordi Bernado

0072

美：美是一种文化。感知美给人带来快乐，它使精神再生。美是功能性的。用新的眼光赞赏和欣赏美，不带任何偏见，美便超越了经典和陈词滥调。西班牙，韦尔瓦，里奥廷托采石场（*Riotinto Quarry, Huelva, Spain*）。

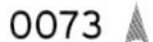

0073

时间：设计结合自然过程（植物作为活的元素或水作为运动中的物质），对气候、土壤或地形做出反应，而且对于物质（生产或运输）和非物质过程（社会、经济或文化）生成不断变化的景观。苏埃拉加莱戈河河岸恢复前后的洪水过程。自发项目（*Flood processes before and after the recovery of the banks of the Gállego river in Zuera. Self-initiated project*）。

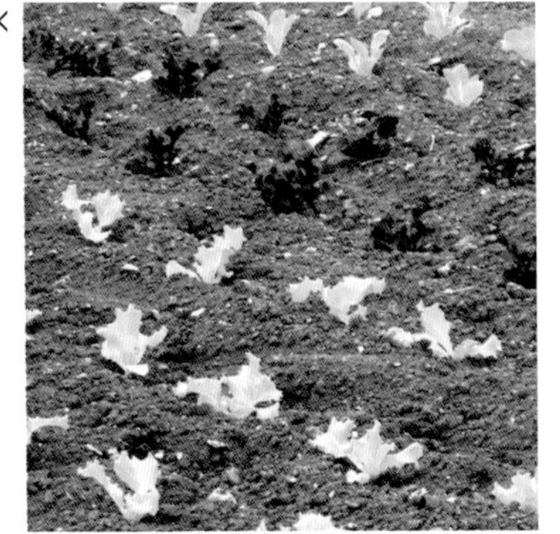

0074

距离：接近观察项目的变量，在显微镜和卫星之间来回移动的双重方法，以叠加虽不同但和谐的解读。埃布罗河谷的农地（*The agricultural land of the Ebro river valley*）。

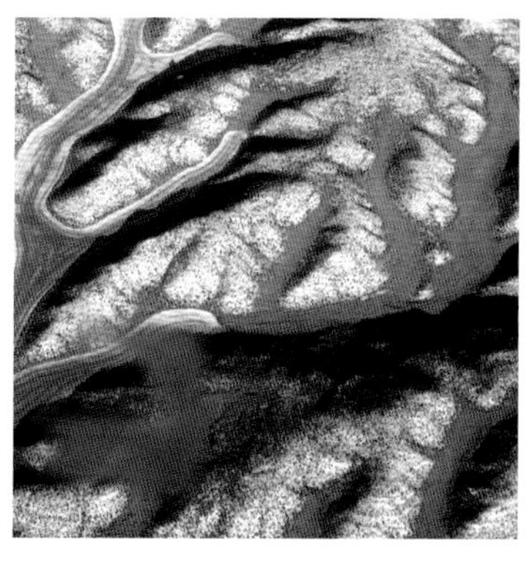

0075 ➤

水：用自身的力量塑造土地的活材料。苏埃拉加莱戈河堤岸上被淹树林恢复。自发项目（*Self-initiated project*）。

◀ 0076

大地：由水塑造，具有崎岖的地形并管理着灌溉、径流、排水和沉积的合理的微观地貌。西班牙，萨拉戈萨，曼格罗斯航拍照片（*Aerial photo of Los Monegros, Zaragoza*）。

0077 ➤

自然：我们从中提取逻辑和操作方法来设计具有自然系统行为特征的新现实。切达约拉生态连接：专门给森林野生动物准备的通道。自发项目（*Ecoducts for the ecological connector of Cerdanyola. Self-initiated project*）。

0078 ➤

换位：在不需要实体重建的情况下进行的功能换位，在一个富有弹性的基础上，能够承受全天的变化；或者进行不同元素的物理换位，混合、杂交、矛盾。萨拉戈萨独立大道重建（*Irrigation ditches transformed into waterways in the Water Park. Remodeling of Paseo de la Independencia in Zaragoza*）。

◀ 0079

尺度：改变现实的尺度作为解读或转化手段，尺度解决方案和干预机制。灌溉沟渠变成了水上乐园的水道。自发项目（*Irrigation ditches transformed into waterways in the Water Park. Self-initiated project*）。

0080 ➤

机遇：意识到新场景中的机会，提炼出其优势，并充分发挥其潜力。充分利用事件、特殊情况，看似灾难性或者不寻常的状态，可以作为一种引擎，实现在线性或传统开发中意想不到的目标。巴塞罗那的采石场景观恢复（*Landscape recovery of a quarry in Barcelona*）。

Arriola & Fiol

西班牙

Mallorca, 289
08037 Barcelona, Spain
Tel.: + 34 93 457 03 57
http://arquitectes.coac.net/arriolafiol

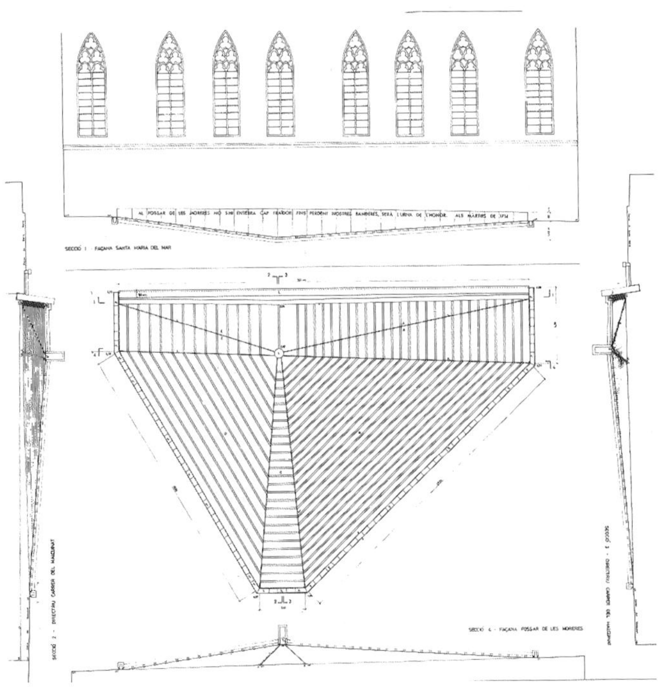

0081

象征性的场所也是一个公共空间：这座纪念1714年9月11日加泰罗尼亚巴塞罗那国庆节战役中遇难者的纪念碑，现在是拉里韦拉附近的一个聚会场所。巴塞罗那，莫雷雷斯之墓。

0082

广场不只是地板表面：周围建筑立面定义了广场。圣玛丽亚德尔马大教堂令人印象深刻的立面是其纪念性的场景。巴塞罗那，莫雷雷斯之墓。

0083

地形作为一种符号。历史悠久的遗产决定了干预的范围：旧墓地的多边形边界与被拆毁的建筑物一致。地形上的凹陷赋予其象征性的特点。巴塞罗那，莫雷雷斯之墓（*Fossar de les Moreres, Barcelona*）。

0084

使用室内材料建造室外界墙。采用主厅人行道马赛克的图案装饰了温泉区前的界墙。通过重修建筑立面重新勾画城市外观，通过这样的方式设计博物馆以匹配大都市环境。桑特博德洛布雷加特，吉普赛博物馆（*Museu de les Termes Romanes, Sant Boi de Llobregat*）。

0085

分散的、向周围环境开放的外立面反映了一个独特的城市需求。在赫罗纳马里亚大道的主外立面上，一系列砖墙象征着我们在室内发现的罗马世界，并作为来自农村的桑特-博伊村庄的立面，为大家提供了罗马世界的一瞥。桑特博德洛布雷加特，吉普赛博物馆（*Museu de les Termes Romanes, Sant Boi de Llobregat*）。

0086

将水作为重要资源。这个广场被设计成一个大的空间，有抬高的水池、凉亭和水上游戏空间。周围环境形状如海滩，水池里的水溢流成瀑布不断流淌进来。巴塞罗那，维拉里阿马特广场（*Plaça Virrei Amat, Barcelona*）。

0087

通过重新组织当地交通，将大面积用于人行。维拉里阿马特广场的改造并不局限于广场上的旧环岛——新的布局从根本上扩大了新的邻里活动空间。巴塞罗那，维拉里阿马特广场（*Plaça Virrei Amat, Barcelona*）。

0089

确保对一件考古文物提供视角。一个不透明的台阶式屋顶覆盖了看台，可以从各种不同的角度中欣赏到废墟——几级台阶连接起通往温泉综合体的空隙。巴塞罗那，桑特略夫雷加特的罗马特罗姆斯博物馆（*Museu de les Termes Romanes, Sant Boi de Llobregat*）。

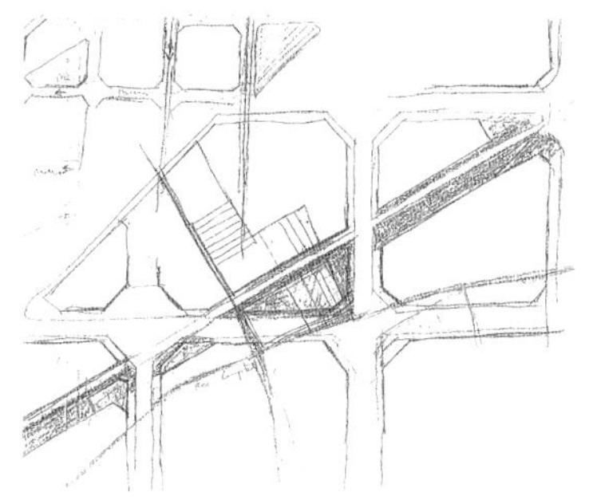

0088

通过恢复相关历史项目，为城市环境提供独特性。赫罗纳这个在中世纪为巴塞罗那供水的、郁郁葱葱的旧渠道景观已被翻新，与巴塞罗那扩展区的正交网格形成对比。巴塞罗那，伊斯丁广场（*Plaça d'Islàndia, Barcelona*）。

0090

城市连通性消除了社会边缘性：这个难以进入的地方是城市贫民区。通过对切断的街道和中断的人流建立连通性，城市性得到复兴。巴塞罗那，伊斯丁广场（*Plaça d'Islàndia, Barcelona*）。

ASPECT Studios

澳大利亚

Studio 61, Level 6, 61 Marlborough Street
Surry Hills, NSW 2010, Australia
Tel: +61 2 9699 7182
www.aspect.net.au

0091 ➤
绿色也可以有趣味：这个现代可持续项目向大众揭示了在任何地方和甚至在一些非常规区域培育屋顶花园所需的科技。澳大利亚，悉尼皇家植物园，停车场（*The Car Park*，*Sydney Botanic Gardens*，*Australia*）。

0092 ▲
设计不应主导风景：当在海上，只有风景及水景才可以成为主景。在这里我们的设计，如墙、座椅和家具，都极其低矮和水平，以强调水平线和风景。澳大利亚，墨尔本，埃尔伍德前滩（*Elwood Foreshore, Melbourne, Australia*）。

0093

行人和快速的自行车并非总是混行。但当行人不得不和快速的自行车交通流线混合时，总是很大的挑战。铺装图案可以微妙地与行人沟通，不能因为自行车穿过这里就变得教条式或损失美学质量。澳大利亚，墨尔本，埃尔伍德前滩（*Elwood Foreshore, Melbourne, Australia*）。

0094

景观作为外衣。在大型建筑周围设计景观，就像给一个女人设计一条裙子，需要尽可能地衬托和呼应建筑。澳大利亚，墨尔本，墨尔本会议中心（*Melbourne convention center, Melbourne, Australia*）

© Andrew Lloyd

© Andrew Lloyd

© Ryal Sheehan

0095

所有的形状和尺度。永远记住，最终你所做的所有的形状和尺度都是为人而设计。澳大利亚，悉尼，每日体育场（*'The Everyday Stadium', Sydney, Australia*）。

0096 ➤

努力致力于营造欢乐和出乎意料的时刻。澳大利亚，悉尼，会场（*The Meeting Place, Sydney, Australia*）。

© Simon Wood

0097 ▼

揭示水面：除了为需要展示水面的场地本身的自然过程创造条件之外，没有其他方式是持久的。澳大利亚，悉尼帕拉马公园（*Pirrama Park, Sydney, Australia*）。

© Florian Groehn / LOOK Production

0098

打破纪念馆设计的模式。传统的纪念馆设计强调竖向、静态、单体和正立面的设计，这里我们寻求与传统相逆向的方法，通过创建水平可触摸的、个人的空间，该纪念馆没有背面正面之分，而是景观中360° 的元素。通过移动和沉思、白天和夜晚来感受它。澳大利亚，堪培拉，国家紧急服务纪念馆（*National Emergency Services Memorial Canberra, Australia*）。

© Ben Wrigley

0099

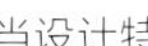

特殊的场地。当设计特殊场地时，最好的方式是采用最少的干预来展示场地自身的力量。澳大利亚，悉尼，邦代至布朗蒂人行道的延长部分（*Bondi to Bronte Coast Walk Extension, Sydney, Australia*）。

© Florian Groehn / LOOK Production

现状图

效果图

0100

对3-D的想法进行试验。为你的场地和其文脉建立一个虚拟的模型，就设计方案对现有场地的可行性进行试验。澳大利亚，墨尔本，菲茨罗伊市政厅（*Fitzroy Town Hall, Melbourne, Australia*）。

Atelier Altern/
Sylvain Morin & Aurélien Zoia

法国

27, rue du Maréchal Lyautey, Appt 181
59370 Mons-en-Baroeul, Francia
Tel.: +33 3 20 91 75 78 / +33 6 31 22 07 10
www.atelieraltern.com

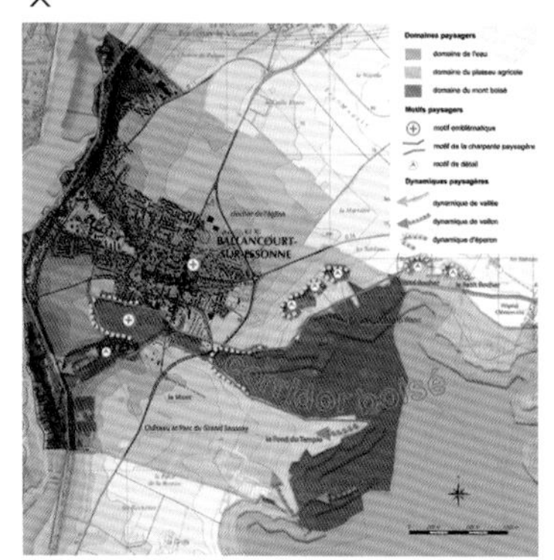

0101
项目的实力并不在于花哨的措施，而在于认识到并提高其内在品质。景观设计师必须是一位隐藏现实的开发者。关于埃松河畔巴朗库尔，我们简单地说就是与当地社区分享了这个概念，并刺激他们通过普通事物表达出对不平凡效果的兴趣。

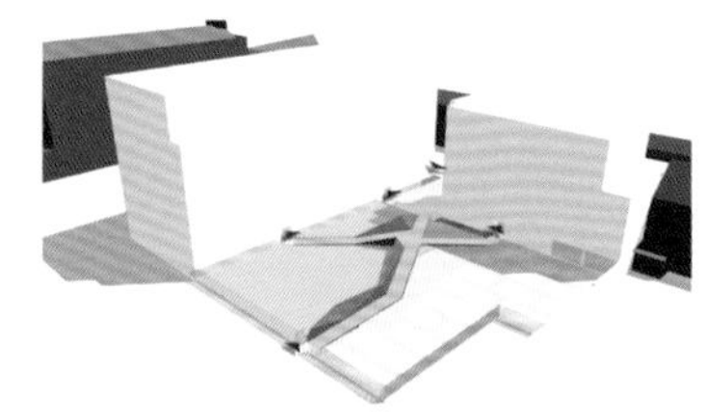

0102
生态不是选项，而是必须的常项。我们与建筑师皮埃尔·冈尼特合作为里尔的集合住宅设计了这个特别的平面，展示了简约与统一。项目为一个整合用于水处理系统和促进植物多样性的公共区域，以使用大量本地植物为特色，并通过有效的管理确保公园生态系统的弹性。

0104

重复不是单调的，而是动态的。我们可以通过简单的图案创建壮观的效果。通过变化同一重复图案的高度，在德拉格拉夫医院圣莫尼克庭院中心用木杆形成如洪水时起伏的波浪。

0103

开放广阔的景观。在广大和开阔的景观场地执行项目时，需要景观设计师在两个基础的问题上优先考虑两个基本的事项。第一，场地必须基于其周围环境的综合条件；第二，空间必须与其周围环境在生态方面相融合。我们与卡雷迪机构的建筑师为瓦朗谢纳学校进行的设计就是这种情况。

0105

项目要求我们布局时不但要考虑其形状而更要考虑其目的。在里尔市的阁楼露台改造中，精心布局和利用每平方米的空间。外部的设计需要和住宅室内一样认真考虑，使单一空间的多功能使用最佳化。

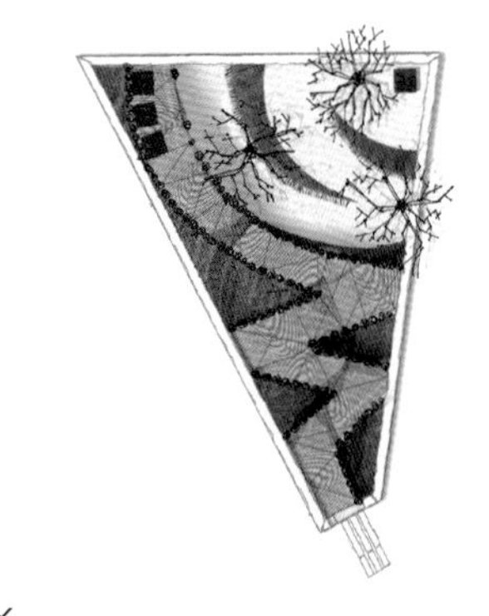

0106

该花园为第四届蓬德利马国际花园节设计，采用葡萄牙常见的自然现象为主题：被林火烧过的树木。采用简单烧焦的树木和激活发烟机器，这个小花园让人联想起被烧过的大森林，使人想起在几个国家每年发生的生态灾难。

0107

简单廉价的附加物有时候可以是景观项目有效的解决办法。为里尔市设计的这个围栏，沿着大道布置，使城市街景更统一。采用金属丝网上的粗加工木条使空间有流动的感觉。它成功地产生这样的效果并保留城市的主题，凸显城市变化的方面。

0108

景观设计是一种行动方式。在一片曾在历史上留下印记的花园场地，构建了一个类似温室的构筑物，遮蔽着一些古老的生菜品种，目前这些品种已经禁止在大工业集团销售。园艺干预提出了改变景观及减少生物多样性的经济垄断问题。

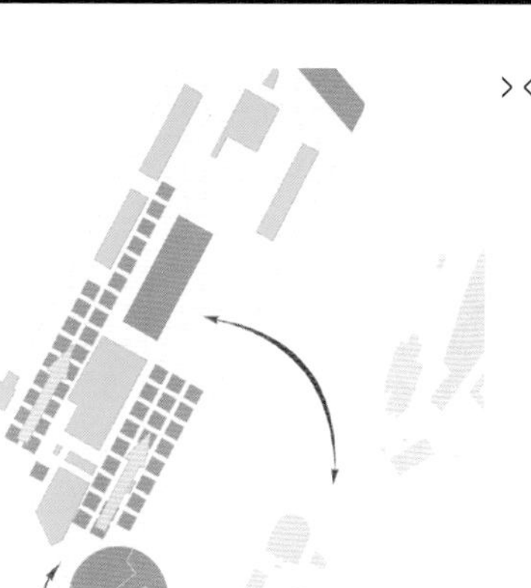

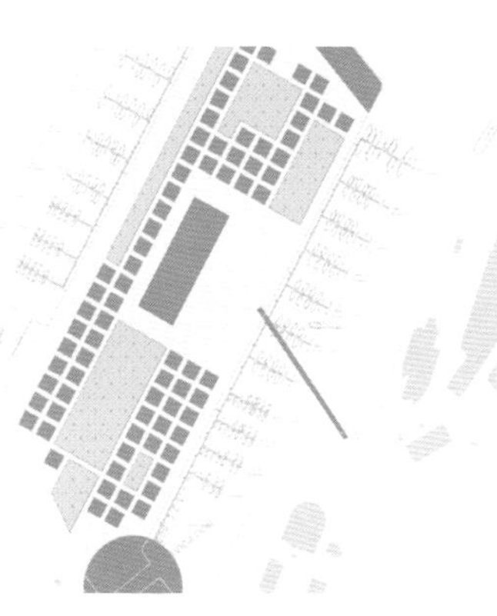

0109

景观是动态的。这个城市项目是与建筑机构（O Architecture Agency）的设计师合作，为敦刻尔克的欧洲国际竞赛所设计。项目概念为创造一个极其动态的总体规划区域，这些区域可以是使用的，也可以是没有使用的，因此可以与城市不断变动与演化的经济需求相适应。

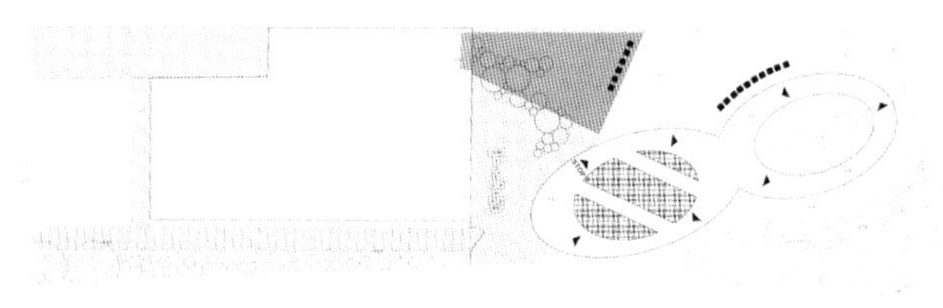

0110

景观为人人，甚至于儿童。项目是位于法国莱德尔泽勒的一座学校庭院。通过集中精力于浮雕、步道和种植区的设计，创造适合步行的空间，并使之有趣味和教育性。因此，儿童从小就可以感知形状、颜色、材料，并观察大自然及其周期。

Bureau B+B Stedebouw en Landschaps Architectuur

荷兰

Herengracht 252
1016 BV Amsterdam, The Netherlands
Tel.: +31 20 623 98 01
www.bplusb.nl

0111

引发好奇心：一再激发参观者的好奇心就是对景观设计师最大的赞美。荷兰，美普莱德，“寻找珍妮”（*"Looking for Jane", Makeblijde, The Netherlands*）。

0112

持续试验：风景园林就像一个大的数学、化学、生物学、政治学、社会学和艺术实验室，获得最后结果的途径从来都不是一条直线。荷兰，阿姆斯特丹，自由邦IABR 2009展览，“种植树木”实验室（*Laboratory "Growing trees", IABR 2009 exhibition, Vrijsta at Amsterdam, The Netherlands*）。

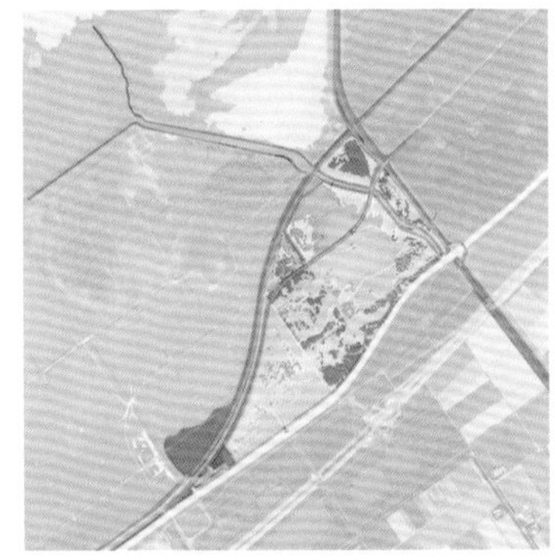

0114

从现状学习：“现状是设计最好的参考”（约瑟夫·斯宾塞，1751）。荷兰，弗莱福兰，奥斯特瓦尔德斯兰德竞赛（*Competition Oostervaardersland, Flevoland, The Netherlands*）。

0113 

咨询专家：即使是专家，也需要专家的建议才能完成一个完美的项目。德国，汉诺威，2000年世博会（*EXPO 2000, Hannover, Germany*）。

0115

为非主流文化保留空间：允许花出现的可能性。荷兰，阿尔默勒，比阿特丽克斯公园“滑板空间”（*“Skatescape” Beatrix park, Almere, The Netherlands*）。

0116

永远不要停止探索：对于每一项新的任务，你都应该去探索场地。睁大你的眼睛，总是有一个隐藏的宝藏在等待着成为你的设计灵感。荷兰，布雷达，瓦尔肯伯格公园，带隐藏宝藏的沙洞（*Park Valkenberg, sandbole with hidden treasure, Breda, The Netherlands*）。

0117

考虑大尺度：大标志物万岁。风景园林的最佳行为不需进行测量。荷兰，“来自阿姆斯特丹的郁金香”，竞赛公园（*Competition Park Noord, “Tulips from Amsterdam”, The Netherlands.*）。

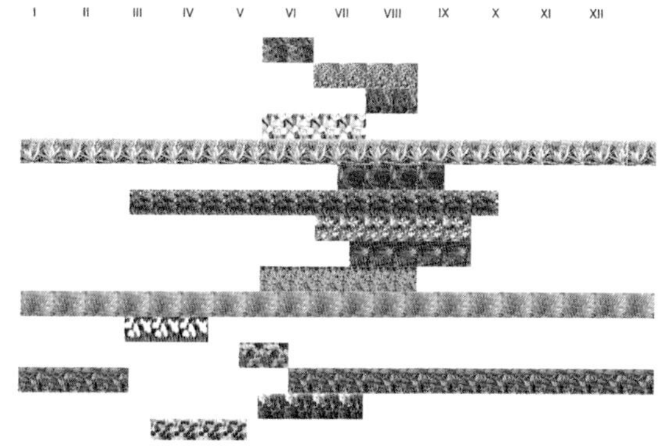

0118

给它时间：我们的挑战是工作对象为受气候和时间影响的生物元素。永远不要着急得到最终的效果——要合理利用这些形式不断变化的连续阶段。荷兰，阿尔默勒，公墓（*Cemetery, Almere, The Netherlands*）。

0119

庆祝季节：每个季节都会带来属于自己的特殊氛围。将这种天然礼物用作您设计中的有用工具。意大利，南蒂罗尔，特劳特曼斯多夫城堡入口，种植日历（*Planting calendar, entrance of Schloss Trautmannsdorf, South Tirol, Italy*）。

0120

保持简单：材料和颜色的选择应认真考虑。过度丰富可能会损害整个图面效果。“少即是多”。荷兰，马斯特里赫特，城市公共空间（*Public space inner-city of Maastricht, The Netherlands*）。

Batlle i Roig Arquitectes

西班牙

Manuel Florentín Pérez, 15
08950 Esplugues de Llobregat, España
Tel.: +34 93 457 98 84
www.batlleiroig.com

0121

土地。一个地方的形状是其地形的形状。这就是一切的开始。地形决定当地水力学条件和地势朝向，并相应地为当地植被的生长提供条件。建设场地应该针对当地资料做出决定，去结合土地条件进行工作，如同罗马人建造城市，改变土地、哺育土地并施以肥料。土地上的财富就是我们的未来。

0122

水。看过这片土地后，我们必须抬头再看看天空。降水量将决定该地的湿度，太阳位置决定了它的温度。而这些将决定一个地区的天气。对于天气可以做的事情很少，只可以对其进行最低限度的矫正，也许多一点（或少一点）水分，然后顺其自然。您不必面对明显的问题，只要与之并行，携手共进。

0123 

植被。植被是空气：氧气和二氧化碳。我们的新鲜空气来自于植物叶片。把植被看作一个大气机器，给它空间并让它成长。不要把它当作你工作的工具。要想象你的工作是辅助植物发挥生态作用。

0124

生产。生产是所有（新）地方产生的种子和原因。任何不适合生产的地方都是不可理解的。这个概念试图将感伤放在一边，创造应该总是超越沉思并代表任何干预土地的基本行动。

0125 

每个地方都有自己的能量。它可以存在于土壤中，也可以存在于水中、植被中和风中。需省去额外提供的能源，并设法开发当地特有的能源。谈到可持续性就是应参考每个地方的自身逻辑。要做到这一点，去发现和发展其土壤、植被和水力学的生产潜能是至关重要的。

© Wenzel Fotógrafos

© Jordi Surroca

0126 ➤

经济。经济就像创造一个地方所需的能量一样，其应该等于这个地方能够产生的能量。一个地方的经济不仅取决于对其进行的开发，而且并不总是取决于人类的行为。应对被动经济体保持敏感，给其空间和时间使其蓬勃发展。

0127 ▼

时间。每个场所有其自己的时间——干预不仅会改变这个时间，而且会引入一个新的时间。这两种时间的共存是项目的目的。该项目塑造的时间将建立新的社会、经济以及该地区的环境价值，其参与城市、郊区或农村环境以及最终的计划性使命。

© Jordi Surroca

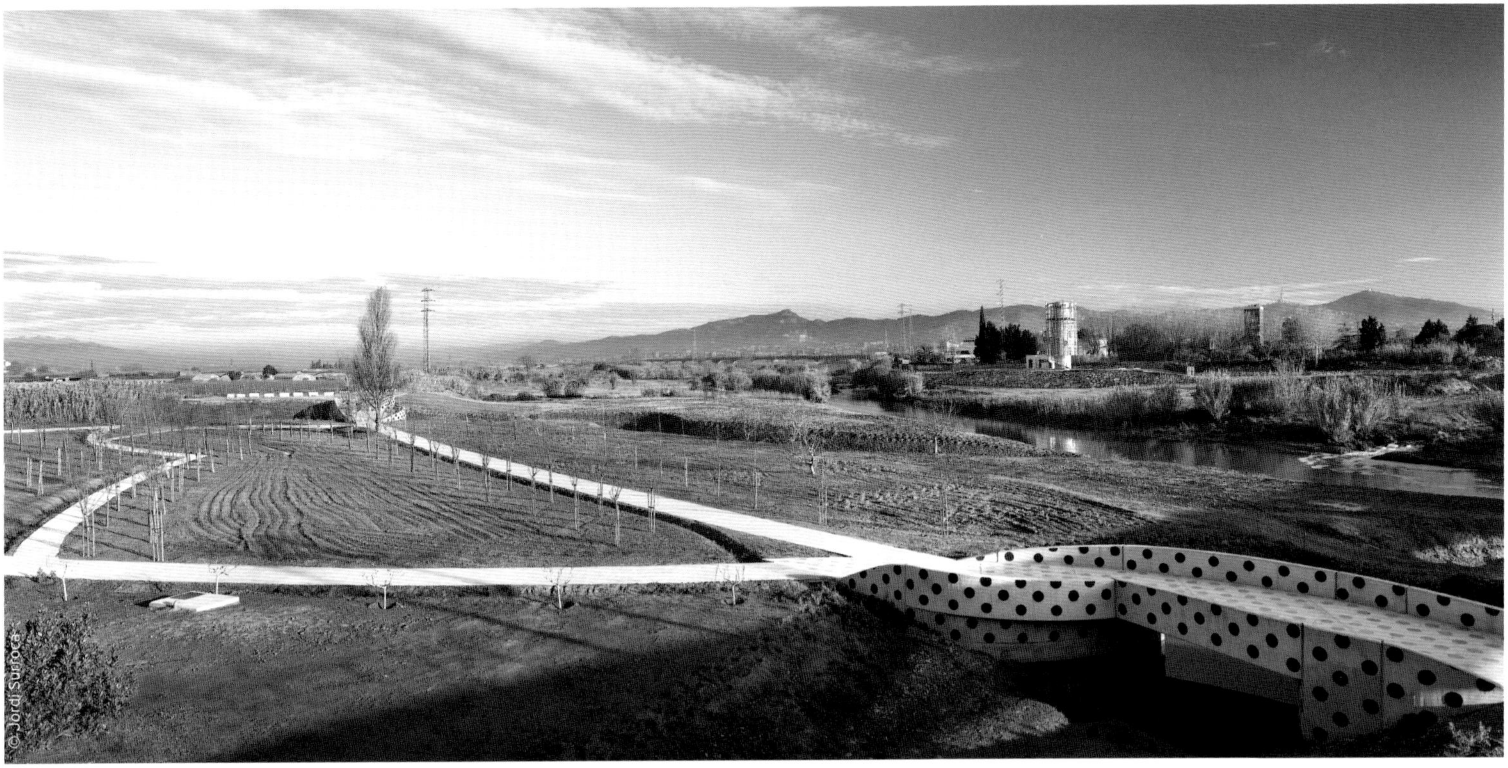

© Jordi Surroca

0128

路径。在一个地方散步是了解它的最好方法。您的感知将取决于您走过的台阶，所以明智地选择它们。伴随着游客的是光影、水声和水的清新；保护游客不受日晒雨淋，也不要让他们两次走相同的道路或走回头路。让他们选择，但不要让他们迷路。

© Lluís Serrats

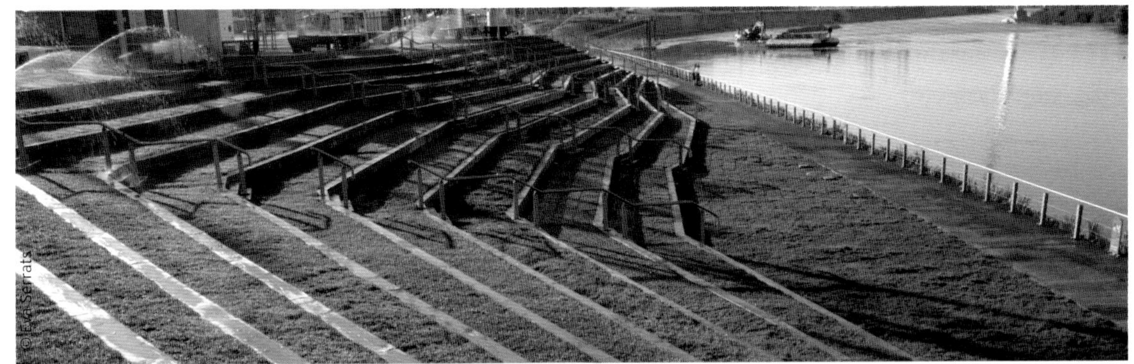

0129

使用目的。使用者一定会像游牧者一样在场地上休憩。他们可能会组织它，但不会定义它的命运。当社会状况随着时间的推移而定义新的使用目的时，一个永久赋予特定空间的使用目的将破坏这个地方。然而，在理解上要非常尊重和高效。几乎可以肯定的是该使用目的将决定经济，经济将决定这个地方的永久性。

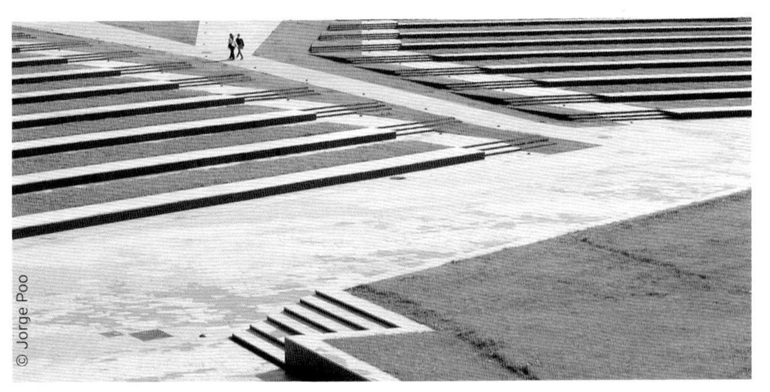

© Jorge Poo

0130

边界。对边界的定义构成了一个场所。边界并不总是一个障碍，但它总是决定一个特殊的特征，或者排除一种特征。这就是边界之所以有效，并具备对空间进行对比的能力。边界并不总是外围的。大多数时候，内在界限是最有意义的，因为它们创建了一个持久的结构以用于随机性的使用和功能。

Beth Galí/BB + GG arquitectes

西班牙

Passatge Escudellers, 5, Baixos
08002 Barcelona, Spain
Tel.: + 34 93 412 68 78
www.bethgali.com

0131 ➤

在古老的采石场旁边，场地被一排排的柱子和柏树围绕，暗示内部的空虚。项目很难进入，这迫使游客攀登，几乎是虔诚地爬向佛朗哥独裁时期报复受害者的坟墓。这个前厅是纪念馆的隐秘和神秘感的前奏。巴塞罗那，蒙特惠奇，法萨尔佩德拉（*Fossar de la Pedrera, Montjuïc, Barcelona*）。

0132 ▲

战争纪念馆和纪念碑对建筑师来说总是微妙的问题。设计这些纪念碑而不涉及爱国主义或派别感情是这座纪念馆的目标。这个由老采石场变成的秘密花园是激起对一个国家近代历史的情感和了解的主要理由。巴塞罗那，蒙特惠奇，法萨尔佩德拉（*Fossar de la Pedrera, Montjuïc, Barcelona*）。

◄ 0133

当进入一个场所成为超越的象征性行为时，就如同巴塞罗那主要公墓的新大门一样，它不能再仅仅是一座大门，而必须代表生死之间微妙的平衡。新的大门轻微向一侧倾斜——这说明了衰亡。巴塞罗那，蒙特惠奇，墓地入口（*Access to the cemetery, Montjuïc, Barcelona*）。

0134 ➤

一个陡峭的地形和旧采石场的自然环境已经是一种景观。将其转化为公园意味着使用最少的人为手段，不去掺杂其他因素，而仅是强化它，找到可以围绕参观的主要景点，认真进行考虑（一条小路，一些俯视采石场内部的观景点……）。巴塞罗那，蒙特惠奇，帕克德尔米迪亚（*Parc del Migdia, Montjuïc, Barcelona*）。

0135 ➤

建立与自然的对话并不意味着你必须放弃一切平淡无奇的事情——也许它意味着理解在平等条件下存在何种联系及可能的相互污染。巴塞罗那，蒙特惠奇，索特德尔米迪亚（*Sot del Migdia, Montjuïc, Barcelona*）。

0136

城市逐渐退化。边缘区域出现，它们必须像袜子一样由里向外翻。在斯海尔托亨博斯使用特定的元素，例如教堂前的楼梯和坡道，原本的楼梯恶化了其边缘条件，而更新将促使该城市角落转变为充满活力的区域。荷兰，斯海尔托亨博斯（*'s-Hertogenbosch, The Netherlands*）。

0137 

最佳的技术改进是那些使原固有功能最能充分发挥其作用并谨慎呈现的技术更新。在一个巨大的空间，如通往蒙特惠奇的通道轴线，设置走道和自动扶梯通往山上，并不应引起新旧之间的冲突，而是共存和尊重的对话。1992年巴塞罗那奥运会蒙特惠奇的行人通道改善项目（*Improved pedestrian access in Montjuïc for the Barcelona Olympic Games 1992*）。

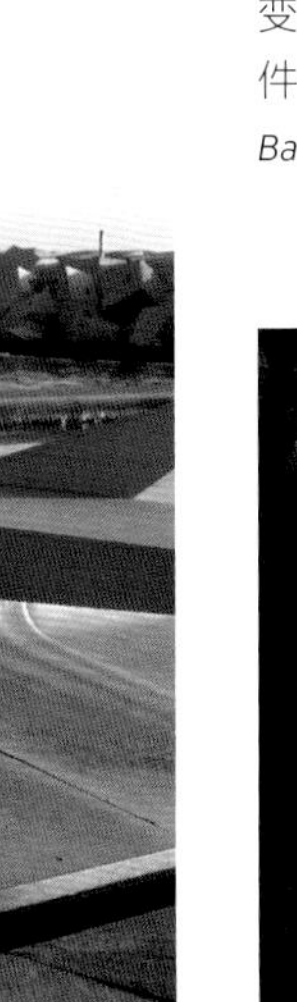

0138

当大海是唯一的参照，那么唯一能与它融合的是人造元素，我们需要重新创造景观，以便我们可以以不同的方式欣赏大自然通常提供给我们的事物（海滩、海湾等）。在这种情况下，用于日光浴和观看地平线的岩石变成为此用途而优化的预制混凝土元件。巴塞罗那，班纳斯地区（*Zona de Banys, Barcelona*）。

0139

用新的语言重新塑造传统街道的类型，在这种语言中，汽车和行人区域被重新组织，设法将衰落的历史城镇中心变成充满生机的购物区。爱尔兰，科克，历史城镇中心改造（*Renovation of the historical town center, Cork, Ireland*）。

0140

在大范围空间内找到人性化的尺度。在一个非常复杂的环境中为访问者创造容易识别的空间，从而可以轻松定位并同时邀请参观者去探索发现项目的不同区域。汉堡，海港城（*Hafen City, Hamburg*）。

Birk Nielsen/Sweco Architects

丹麦

Søndergade 1B 3.tv
DK-8000 Århus, Denmark
Tel.: +45 86 20 21 10
www.sweco.dk

0141
在所有的细节中，喷泉被设计的像圆形水环一样。在夏季它是一个巨大的喷泉，而冬季就变成台阶，成为可以攀爬的好玩的雕塑。

0142
观赏湖的水流和瀑布分别设计为凸出和凹陷的形式，就像阴和阳。

0143

铺装中的上射灯有助于在傍晚和夜间营造出神奇的氛围。这里结合逐阶而下的流水使用。

0144

该镇（弗雷德里西亚）选择建立一个公共空间进行球类比赛和其他无组织的运动。大量使用比赛场地，使之成为可以体现平等的城镇中积极和鼓舞人心的项目。

0145

对历史园林进行革新是结合未来与过去的问题，要考虑细节又要兼顾整体。与此同时，这是一个决定优先顺序的问题——在这种情况下，城堡是需突出的明珠，必须精选和减少自然景观。

0146

我们试图建造一个愉快而实用的花园供游玩和逗留。同时，这应该是一个从公寓单间看出去迷人而美丽的庭院。

0147

水对于玩耍的人们有着磁铁般的吸引力。在城里的某个地方做个“放风的场所”，在那里你可以找到庇护、阳光和水——同时也是一个被大众参与使用的成功的场所。

0148

它始于市中心的整体城市规划。之后我们制定了广场和主要街道的项目和详细规划。其后我们再次遵循了1:1的实现过程，并从整体计划到细节进行了细致工作。

0149

我们想象一下，作为一个思想实验，如果占美国电力消费20%所需的所有风力涡轮机都建在一个地方，那么就需要一个225km×225km的风力发电场。该地图显示了与中西部各州同等面积的土地。

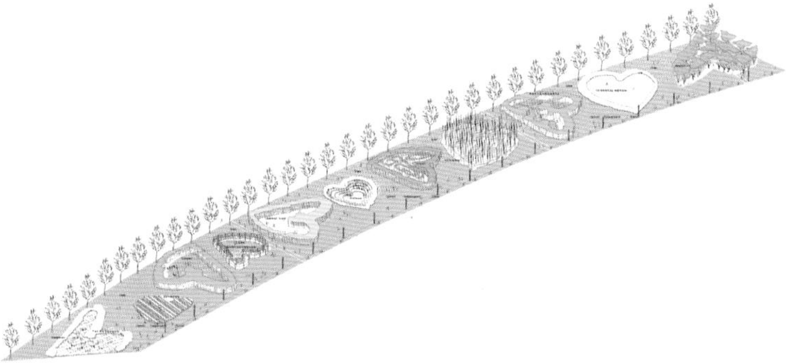

0150

花园艺术是一种冒险的愿景，为用户带来美好和喜悦——热爱生命和人类。

Bjørbekk & Lindheim

挪威

Sagveien 23 a
N-0459 Oslo, Norway
Tel.: +47 22 04 04 60
www.blark.no

0151

创造一些意想不到的美。为了把一头野兽变成一个美女：我们面临着挑战，即为来自当地道路上的污染雨水建冲洗池。我们希望在景观中制作一件珠宝，而不是只增加一处技术基础设施。奥斯陆，福尼布，新斯纳维（*Ny Snarøyvei, Fornebu, Oslo*）。

0152

建立一个非正式的聚会地点。在绿色环境中创造有吸引力的聚会场所用于安静地沉思和娱乐非常重要。奥斯陆，乌内堡2号，弗里特词（*Fritt ord, Uranienborgveien 2, Oslo*）。

0153

用现代挑战陈旧。敢于在古老和现代设计语言之间促成一次有趣而令人惊叹的相遇。我们的挑战是让露天剧场有容纳4000人的能力，同时在空荡荡的时候看起来自然友好。水发出有趣的声音挑战着小型工程的独创性和探索能力。奥斯陆，比格迪半岛，挪威民俗博物馆（*Norwegian Folk Museum, Bygdøy, Oslo.*）。

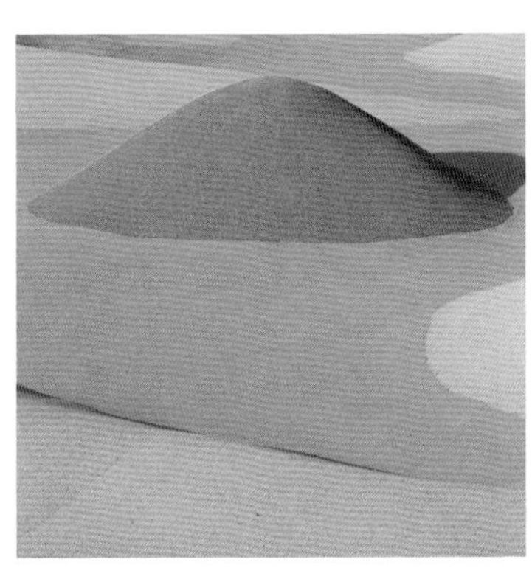

0154

利用变化的高地。当你是小孩子，双腿又短的时候，60厘米的标高变化可能是一个严峻的挑战。一个小而柔软的橡胶山可以提供很多机会，如运动、跑步、攀爬、滑动、滚动、坐着、平衡……奥斯陆，福尼布，南森帕肯（*Nansenparken, Fornebu, Oslo*）。

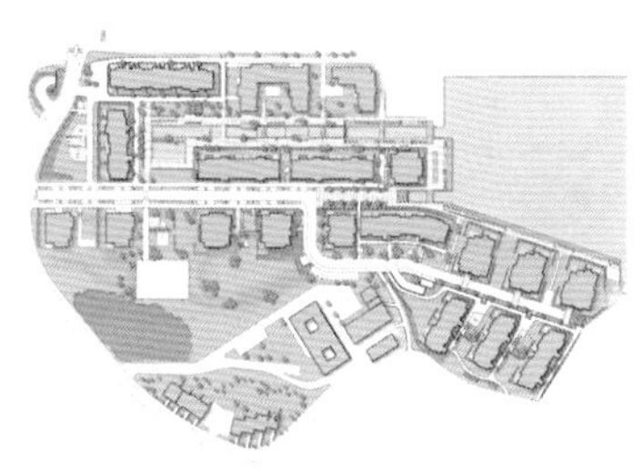

0155

向邻里社区引入水流。我们已经开挖水渠引入到一个新的住宅区，以提供一些新鲜感，同时带来了与水有关的活动。我们还创造了一个新的公共亲水区域，让居民和游客都能够到达峡湾并接触水源。奥斯陆，福尼布，罗尔夫斯布塔（*Rolfsbukta, Fornebu, Oslo*）。

0156

产生纯净的声音。为了减少外部熙熙攘攘的城市的交通噪声，我们在1883年修复过的水池中制作了一个水幕。水幕为居住区带来了一些清新的感觉以及流行元素。奥斯陆，皮列斯特雷特公园（*Pilestredet Park, Oslo*）。

0157

为小镇创造一个新的活动区域。在米约萨湖上建造一个新岛，在毗邻镇中心的地方为小镇哈马尔的居民提供一个全新的场所，用于游泳、娱乐和轮滑活动。该镇很长一段时间因为铁路而被从湖边分离出来。哈马尔，科根（*Koigen, Hamar*）。

0158

基岩作为地板。古老的地质历史可以通过水平切割基岩和去除岩石上部的方式进行讲述。这处美丽的地板创建于挪威奥斯陆阿克舒斯大学医院的户外露台。挪威，伦森科格，奥胡斯（*Ahus, Lørenskog, Norway*）。

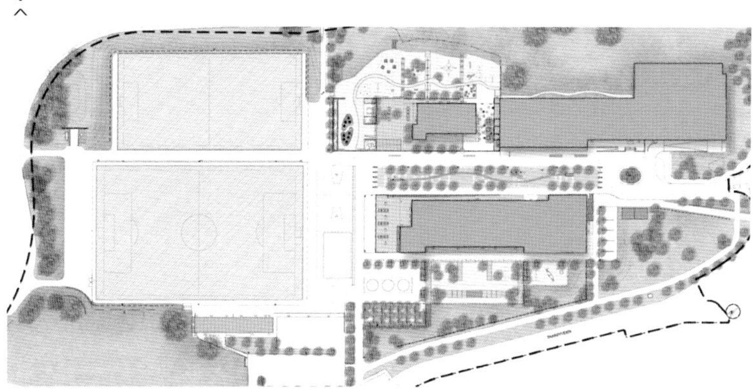

0159

制作一个多功能活动中心。一条水系串联起新的教育项目、幼儿园和体育设施，如同连接的银线贯穿该地区，同时可以供娱乐和游戏的机会。三个下沉空间可以供滑板、骑自行车、跑步和滑板。奥斯陆，福尼布，洪德逊格林德塞特（*Hundsund grendesenter, Fornebu, Oslo*）。

0160

邀请游人以不同的方式休息。普通的板凳并不总是正确的答案。我们用木质材料制作了像波浪一样的装置。它使人们可以躺下、睡觉、休息、阅读或跑步、滑板、骑自行车。奥斯陆，福尼布，南森帕肯（*Nansenparken, Fornebu, Oslo*）。

Brandt Landskab

丹麦

Tokkekøbvej 28A
DK-3450 Allerød, Denmark
Tel.: +45 306 433 36
www.brandtlandskab.dk

0161

要想项目获得成功，参与的每个人都必须有一种归属感。创建一张意向图，让每个人都可以看到项目的视觉效果图：包括支付项目费用的人、构建项目的人以及最终使用项目的人。项目是创建归属感的好方法。

0162

一个概念越简单，其表达就越强烈。一个简单的概念就像脊椎一样灵活动态，因为它可以在规划过程中随时间改变而不会丢失其自身特点。

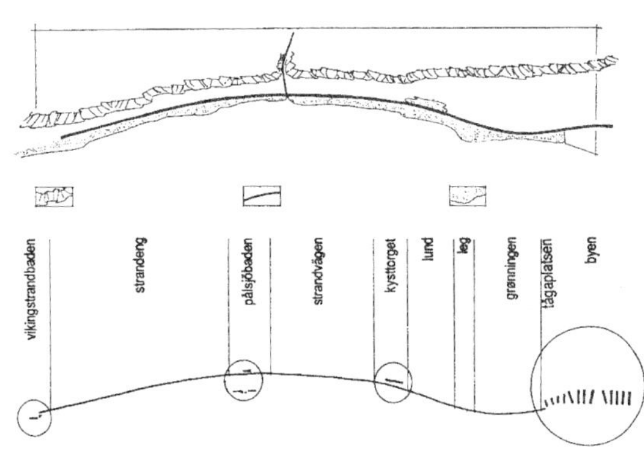

0163

对小尺度项目进行大格局思考。让空间看起来比其真实尺度更大。

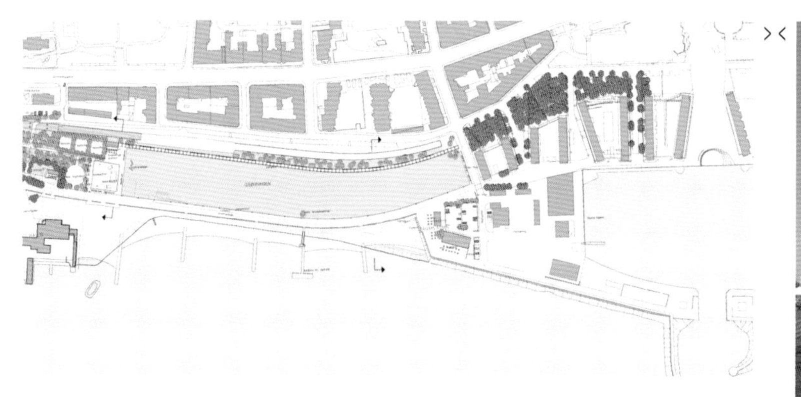

0164

“准备好杀死你的最爱，但要坚持最初的愿景。”曾经参加过一个竞赛，海滩一直被发展到市中心，并将其改造成一个木制日光浴平台，只保留海滩的形状。虽然规划被改变了，但变得更强了。

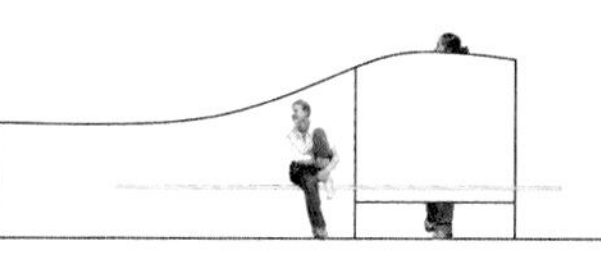

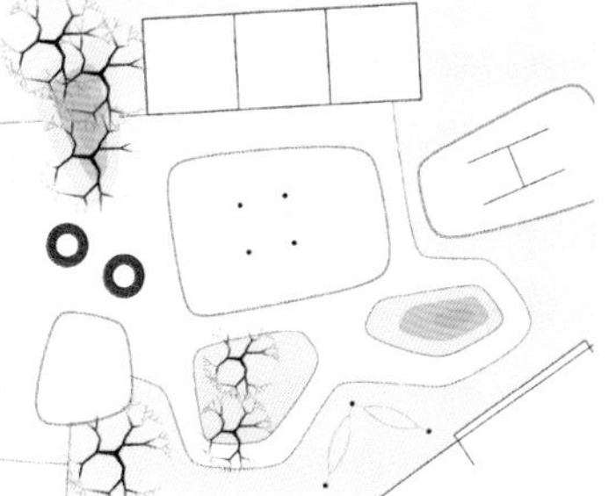

0165

将功能需求作为机遇进行考虑而不是障碍。

0166
对大规模项目要考虑提供小尺度空间。即使在创建大空间时，也应该规划小尺度私密空间。

0167
计划一年365天、每天24小时使用。你应该规划保证昼夜及夏冬两季的体验。确保创建的户外公共空间不是仅用于特定的时段。

0169
伟大的景观设计是通过它的组成元素而不是现场人员的数量来实现的。公共空间在有人和没人时都可以很美。

0168
让自己勇敢、富于挑战和充满热情。如果这样，你有机会创造出乎意料、惊人和壮观的奇迹。

0170
非常小心地使用人造光。人造光线不应阻挡周围环境。

Bruto Landscape Architecture

斯洛文尼亚

Mesarska 4d
1000 Ljubljana, Slovenija
Tel.: +386 1 232 21 95
www.bruto.si

0171

多功能的城市空间。各种目的和不同需求的提供使得城市空间具有多功能性。这意味着空间可以用多种方式使用，城市设施是多功能的。梅斯特将军纪念公园就是这样的一个例子，功能包括雕塑、城市两个部分间的滨水连接和滔滔河流的洪水保护等。梅斯特将军纪念公园（*General Maister Memorial Park*）。

© Matej Kučina, Miran Kambič

0172

在空间规划中，清晰简洁的设计理念尤为重要。它可以来自空间分析、客户需求和历史情况。该项目位于一个建筑密度很高的地区；因此概念的起点是围绕花园的单个膜结构。多孔橡胶帆布膜作为夏季厨房的周边围栏、立面元素和推拉门。11号花园（*Garden No. 11*）。

0173 

空间表达。可以将一个地区多用途的设施分为较小的功能或空间单位。一系列各具主题领域联系在一起，互相沟通，形成一个复杂的整体。商业/旅游设施前的公园分为特定的主题空间单元，与其功能与设施单元的具体使用有关。波希涅公园（*Park TC Bohinj*）。

© Matej Kučina

© Matej Kučina

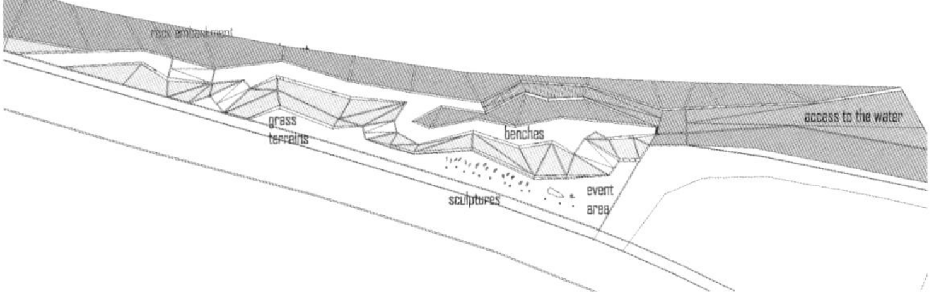

0174

智能设计措施总是很简单。必须平衡唯一性、功能性和生产成本之间的关系。城市设备的模块化是设计的可能性之一，其中几个模块化单元可以组合成构筑物。在这个项目中，我们以简单的模块化实现了模块的各种移动模型，可以根据客户需要选择组合到更大的系统。莫比尔广场（*Mobitel Pavillion*）。

0175 

空间秩序。这个空间看起来像什么并不重要，重要的是它如何工作。城市地区必须有适当的空间功能，项目设计才能有活力并满足游客的需求。在恩特维德城市公园，城市规划串联行人和骑行的路线，代表城市这一区域重要的公共城市空间。恩特维德城市公园（*Šentvid Urban Park*）。

0176

建筑=景观/景观=建筑。在当代的实践中，建筑越来越接近景观，景观越来越接近建筑。建筑正在变得横向而景观正在变得垂直。景观不仅被移到建筑屋顶上，而且景观正在成为建筑。一个这样的例子就是健康新天地，整个设施在地下，而上面的景观就是建筑。健康新天地（*Wellness Orhidelia*）。

0177 ➤

植物是景观的主要元素之一。某些植物在极端条件下可生长良好。有关植物的知识可以帮助我们解决最棘手的技术问题。这种大面积的绿色屋顶是在很陡的斜坡上进行的，有些地方坡度高达70°。由于项目用于绿化如此陡峭屋顶的建设成本有限，因此开发了一种创新的绿化系统。奥利米亚饭店（*Hotel Olimia*）。

© Matej Kučina

© Matej Kučina

◄ 0178

购物区景观。在当代拥有电视、大屏幕广告和霓虹灯招牌的视觉社会中需要更加激进和有力的城市设计。城市空间不再是大自然的世外桃源，而是一个活动、观光、休闲和娱乐公园。该设计理念的一个案例是位于卢布尔雅那比特币城广阔的购物区的城市空间。

© Matej Kučina, Miran Kambič

0179

由电脑控制喷泉的简单水景可以成为吸引儿童嬉戏的巨大源泉。库法尔广场的建造成本相对较低。主要是各种喷泉组合使水流喷向空中。广场上涂有白色条纹。表面每隔几年用不同的颜色重新涂刷一次，从而简单地刷新广场的视觉形象。库法尔广场（*Cufar square*）。

© Matej Kučina, Miran Kambič

0180

雕塑是城市空间的重要组成部分。它们可以增加公共空间的价值；唤醒城市的历史记忆、尊重及艺术和文化特征。公园中的抽象线框士兵雕塑是用于纪念在历史中起重要作用的梅斯特将军。通过蓝色的灯光使作品在夜间如同虚幻空间一样。梅斯特将军纪念公园（*General Maister Memorial Park*）。

Burger Landschafts Architekten/
Susanne Burger und Peter Kühn
Partnerschaft

德国

Steinstrasse 39 Rgb
81667 Munich, Germany
Tel.: +49 89 622 86 27-0
www.burgerlandschaftsarchitekten.de

0181 ▲
加强定位：区分内向和外向空间。

© Florian Holzherr

0182 ➤
加强氛围：利用来自光线、颜色或材料的潜力。

© Gerrit Engel

0183 ▲
加强文脉：使与周围环境的连接和关系清晰明确。

0184 ➤
加强网络：设计加强连通性和岸堤。

0185 ➤

加强过渡：展示公众与私密空间之间的界限。

0186 ➤

加强收购的土地：创造情境、空间和规划区域。

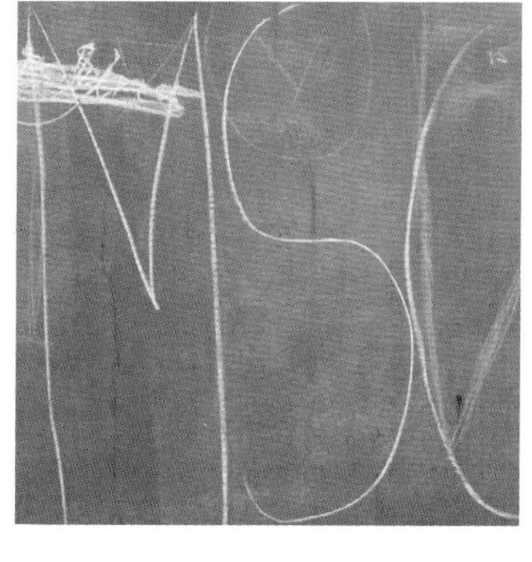

0187 ➤

加强开放空间：提高实用性和庇护质量。

© Florian Holzherr

0188 ➤

加强立体空间的效果：设计三维的开放空间。

0189 ➤

加强变化：将生长引起的变化和一年中的季相变化考虑在内。

➤ 0190

加强能见度：加强对地点（或空间）的感知。

© Boris Storz

C.F. Møller Architects

丹麦

Europaplads 2, 11
8000 Århus C, Denmark
Tel.: +45 8730 5300
www.cfmoller.com

0191

总体规划基于三个主要的景观潜力：峡谷处于最窄处并形成曲线弯曲的位置；城市海滨精确限定海港表面，形成向利姆海峡的过渡；而城市结构中的开放空间，创造了从城市的中世纪山脊看向峡湾的长视线。奥尔堡海滨（*Aalborg Waterfront*）。

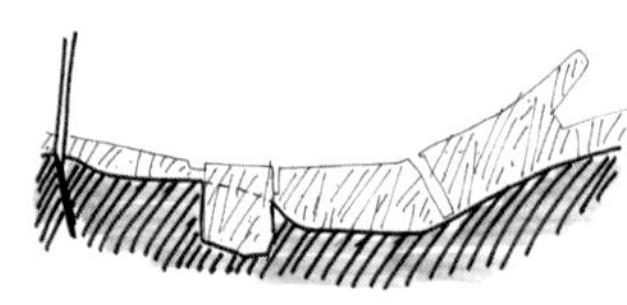

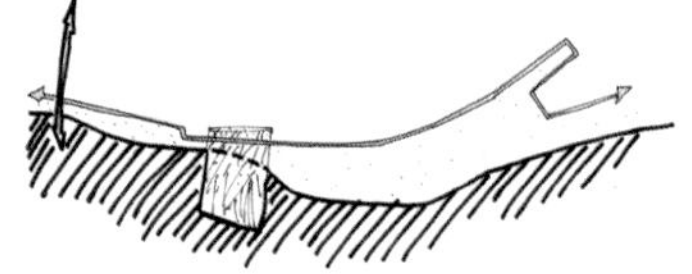

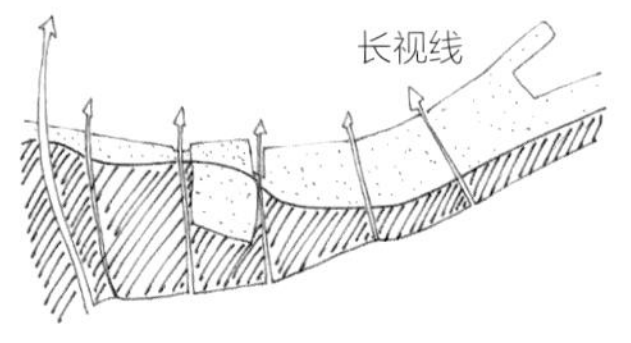

长视线：指从山上可以看到海，视线不受遮挡的视廊

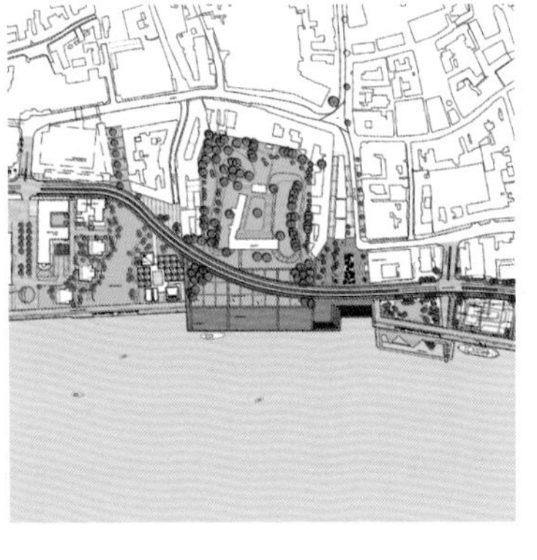

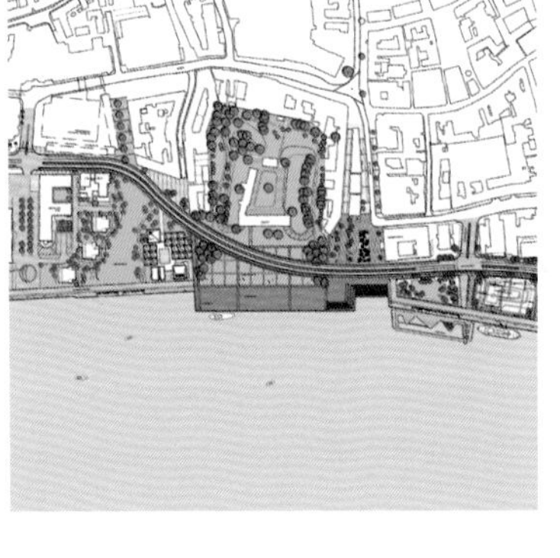

0193

该地区的规划和设计以当地的功能要求和气候条件为出发点。整个道路网络重新定义了沿海港口的交通流线，并消除了城市与港口之间的分隔。长廊创建一个沿着海滨的连贯的广场和休闲区。公园则由各种绿地组成。奥尔堡海滨（*Aalborg Waterfront*）。

0192

这个总体规划将城市的中世纪部分与利姆海峡的河岸连接起来。码头区的特色在于强化一条林荫大道，以满足骑自行车者和行人的需求。该规划创建了一条海滨大道，沿路拥有台阶和下沉露台，可让人们亲近水面。奥尔堡海滨（*Aalborg Waterfront*）。

0194

材料的有意识选择提供了对所在位置的历史和身份的叙述。所选材料与峡湾本身一样粗糙，包括沥青、钢筋、混凝土和木材，同时参考微妙的海洋图案，采用带有波浪式图案的铺装。奥尔堡海滨（*Aalborg Waterfront*）。

0195
除了为道路预留的土地面积之外，还应为路堤、斜坡和植被等路边设施以及道路挖掘碎石时形成的湖泊留出足够的空间。因此，在征用土地过程之前及时准备景观创意草图是一个好主意。

0196
高速公路景观需要特殊设计。由于车辆在高速公路上高速行驶，周围环境应设计一些可管理的细节，以便驾驶者可以快速浏览，而不会分散对道路的注意力。因此，应该以一个连贯的顺序呈现，并且是大尺度的、简单易懂的形式。

0198
城市和景观建筑概念通过该区域的照明来表达，这体现了功能和体验的要求。制定了综合照明规划，旨在突出主要景观概念与城市和广阔港口空间的界面。所有照明都应该进行良好的筛选，以保持在一年里黑暗季节中的视野和透明度。奥尔堡海滨（*Aalborg Waterfront*）。

0197
路边景观必须能够自然免维护。由于高速公路车速快，出于安全原因，维护高速公路边的人造树林既昂贵又困难。此外，土层贫瘠、坡陡、风和路盐这些恶劣自然条件组合在一起，要求路边植物抗性强，能够在没有浇水或除草的情况下存活。小树更便宜并且比大树更好管理。

0199
与道路周边的对话扩大了表达的可能性。由于需要砾石进行道路施工，所以形成了一些湖泊。然而，这些湖泊位于丹麦的中心地带，那里距离海洋最远，该镇对此项目表现出浓厚的兴趣。设计中与市政府密切合作规划娱乐用途和功能，该市政府资助了道路通道、停车场和野餐小径的建设。

0200
抓住机遇，创造必要的优点。现代道路造价昂贵。它们的视觉外观和美观度不如其他因素那么可测量，因此不享受同样的关注度。有必要为审美方面的优点提供一个令人信服的例子，而且要抓住机会调整设计以适应实际情况。

Carlo Cappai, Maria Alessandra Segantini/C+S associati

意大利

Piazza San Leonardo, 15
31100 Treviso, Italy
Tel.: + 39 04 22 59 17 96
www.cipiuesse.it

0202 ➤
换个角度思考：一个水过滤工厂可以转化为景观设计。威尼斯，2008年（*Venice, 2008*）。

0201
在夏季，是一个容纳1500辆汽车的停车场，而冬季是一个能源公园。那不勒斯停车场公园，2005年（*Park-parking, Naples, 2005*）。

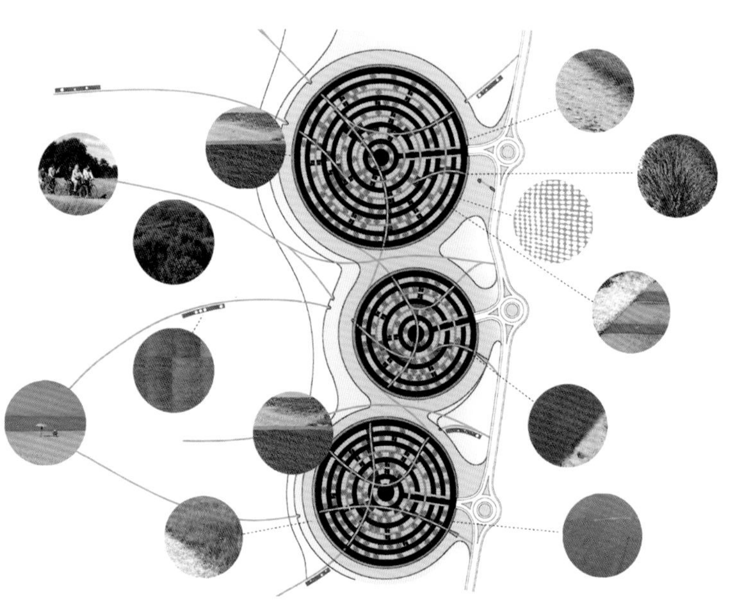

0203

海浪。第60届电影节入口。演员就像波涛：他们的财富来来去去。威尼斯，2003年（*Venice, 2003*）。

0204

这座当代大堤隐藏了博物馆并向其提供技术上的供给以维持工作。威尼斯，2004年（*Venice, 2004*）。

0205

这座桥将大地和水缝合在一起。波代诺内，2010年（*Pordenone, 2010*）。

0206

大石头为城镇保留了巨大的空间。科内利亚诺，2006年（*Conegliano, 2006*）。

0207

在这个幼儿园里，一个完全红色的庭院作为核心点将儿童的注意力引向天空。佩德罗巴，2006年（*Pederobba, 2006*）。

0208
柽柳和砖是这条白色街道的新边界。威尼斯，2010年（*Venice, 2010*）。

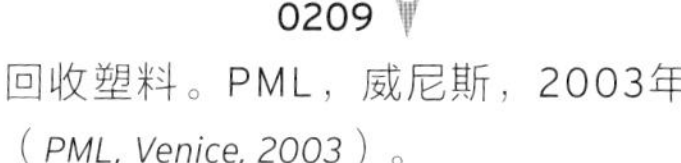

0209
回收塑料。PML，威尼斯，2003年（*PML, Venice, 2003*）。

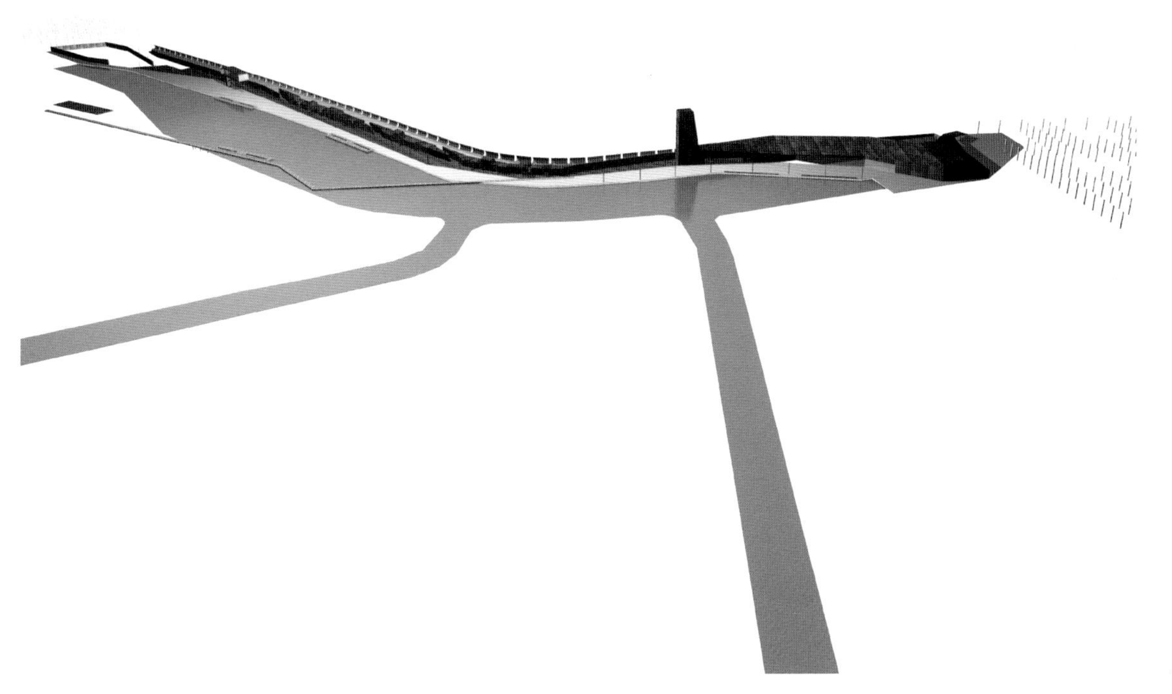

0210
保护米兰不受交通干扰并重新获得水源。米兰，2003年（*Milan, 2003*）。

Carvo, design and engineering

荷兰

Kortenaerplein 34
NE - 1057 Amsterdam, The Netherlands
Tel.: +31 20 427 5711
www.carve.nl

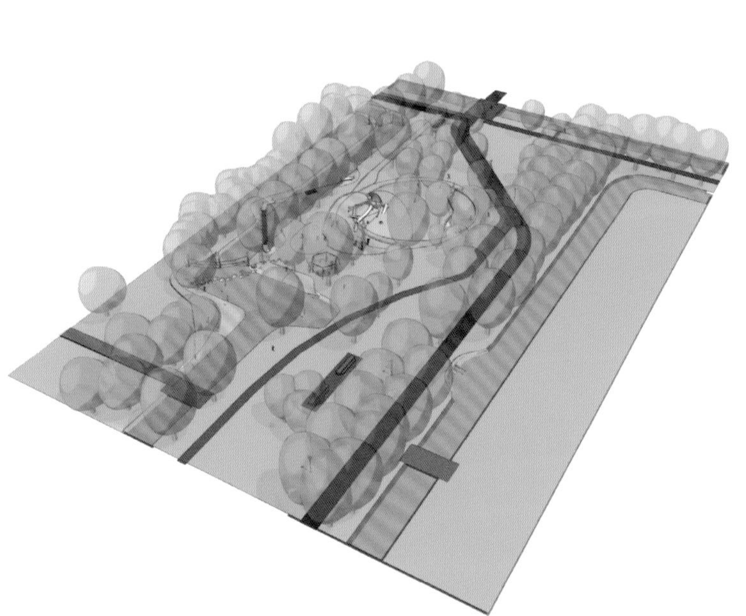

><

0211

合格的校长与合格的设计师一样重要。设计师收集使用者和委员会成员的观点和想法。让每个人都从他们的想象中更向前进一步是设计师的任务。这不仅仅是一个操场，我们说服校长将公共运动场之间的空间发展作为公园。阿姆斯特丹，梅尔帕克公园，2010年（*Meerpark, Amsterdam, 2010*）。

0212

为专业人士设计的体育设施也可供休闲用户使用。通常体育设施“仅”被儿童使用。实践中，我们发现专业设备可以由儿童和不太熟练的锻炼者使用，从而允许多种用户使用。我们在2009年海牙的沃特韦尔德或者2010年的阿姆斯特丹梅尔帕克中所有滑冰、登山和运动设施都采用了这项技术。海牙，2009年；阿姆斯特丹，梅尔帕克，2010年。

0213

始终提前准备好替代方案（plan B）。请记住在不改变总体概念的情况下，始终为重大变化做好准备。该城市不允许在公共场所使用沙坑。我们可以说服他们，但始终保持在沙坑底下采用安全表层作为备份，以防他们不想要沙坑（沙坑是成功的）。海牙，弗拉斯坎普公园，2008年（*Park Vlaskamp, The Hague, 2008*）。

0214

每个项目的质量都与流程、总体设计和每个细节息息相关。卡韦与当地居民一起设计了小毛榉广场。这导致关闭一条街道，使这个广场变得更大，易达性更好。围栏、家具和游戏设备是特别设计的。海牙，2008年（*Beukplein, The Hague, 2008.*）。

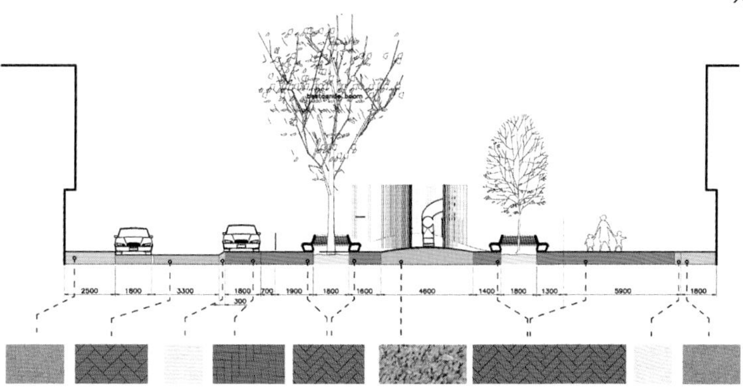

0215

结合、组合、结合！组合功能并不意味着妥协，而可以增加新的特性和功能。攀爬墙是为满足足球场、游乐场设备和攀岩墙的需求但又预算紧张和缺乏空间的结果。这个攀爬墙为60多名儿童提供了空间，并且比其他游戏设备更具吸引力。皮尔默伦德，沃尔霍拉，2005年（*Wall-holla, Purmerend, 2005*）。

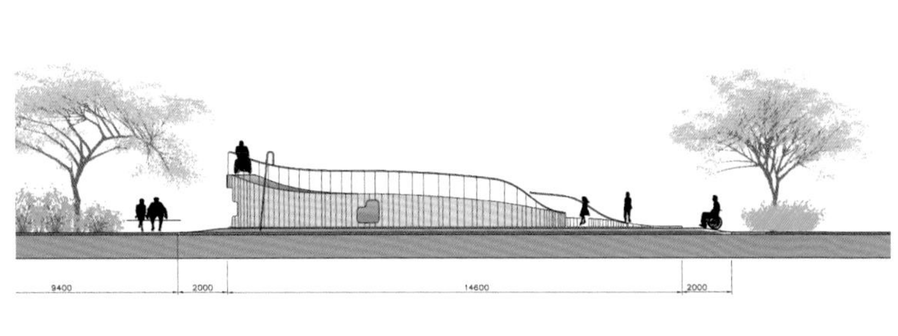

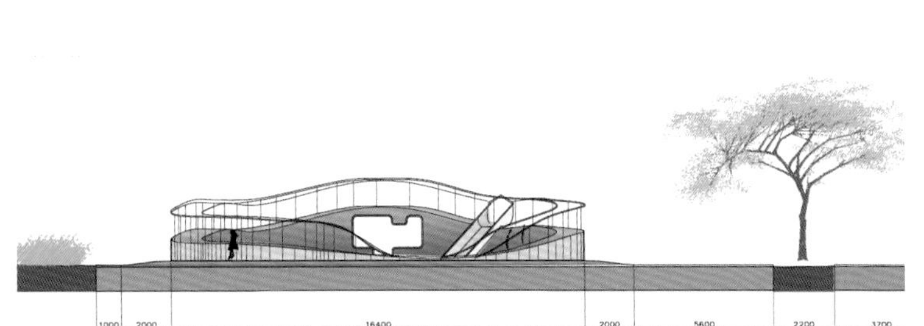

0216

不要创建标签。许多项目和经历将会成为设计师的名片。这个游乐场基于高密度功能布局的需求，旨在供大家使用，包括身体上的挑战。它的外观却非常简单和可识别。海牙，梅利斯斯图克公园，2010年（*Melis Stokepark, The Hague, 2010*）。

0217

为单一使用者增加一个特定功能到公共区域可以作为其他功能和社会凝聚力的催化剂。在马尼克斯普劳森加设滑冰场后，这个多年来一直被嗜酒者占据、被遗弃的游乐场恢复了社会平衡。阿姆斯特丹，马尼克斯普劳森，2005年（*Marnixplantsoen, Amsterdam, 2005*）。

0218

跨学科的方法会得出更精确的结果。为了能够将愿望和想法转化为概念并付诸实现，不同的观点可能会有所帮助。风景园林师、建筑师、土木工程师、产品设计师及艺术家等各种专业人员为各个层面的差异化设计做出了贡献。阿姆斯特丹，哥伦布普林，2008年（*Columbusplein, Amsterdam, 2008*）。

0219

在设计方面，不仅涉及实体的设计，而且涉及为社交功能创造空间。项目在城市更新区重建一个城市广场。通过任命一位广场监督人员，使其可用于许多不同的受众并实现社交功能。阿姆斯特丹，哥伦布普林，2005年（*Columbusplein, Amsterdam, 2005.*）。

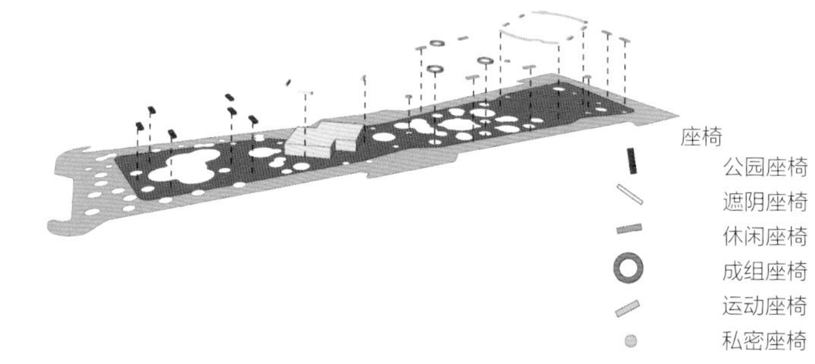

0220

保持简单，通过设定自己的一套设计规则来定义自己。没有任何东西比没有限制的设计更难。这个街头滑板公园被定义为单一颜色的锐角几何形状。阿姆斯特尔芬，滑板公园，2009年（*Skatepark Bankras, Amstelveen, 2009*）。

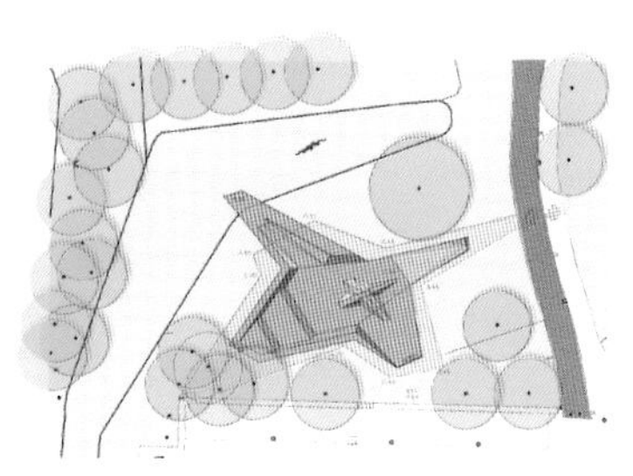

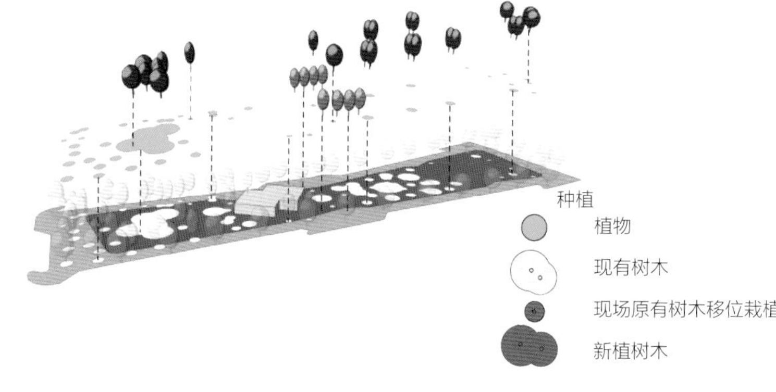

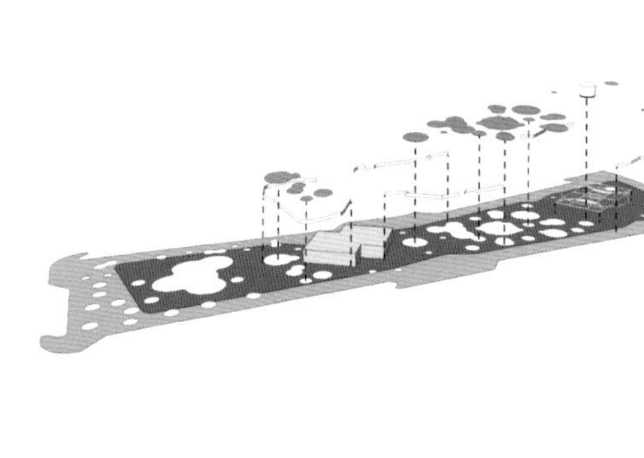

CHA architecture | paysage | design urbain

加拿大

1751, rue Richardson, suite 6.200
Montreal H3K 1G6, Canadá
Tel.: +1 514 844 1818
www.cardinal-hardy.ca

0221

敢于创作艺术。庭院围绕樱花标志设计；由景观设计师创作的樱桃铆接雕塑。蒙特利尔，洛夫茨洛尼，2009年（*Lofts Lowney, Montreal, 2009*）。

0222

敢于逆流而上。将水引回地面，为生态系统和人民带来利益！被引入排水渠的径流，用于恢复植被和城市的水系。蒙特利尔市中心的绿色基础设施在经过40年的干枯后正在恢复！蒙特利尔，皇家山公园皮尔入口，2010年（*Peel Entrance, Mount Royal Park, Montreal, 2010*）。

0223

敢于照顾。四个疗养花园是为了改善生活质量，并为经历战争时期创伤的老兵提供慰藉。设计，特别是水墙、围墙、照明和街道家具的细节有助于为这个非常具体的客户群创造安全、舒适的空间。蒙特利尔，安妮退伍军人医院，2007年（*Ste. Anne's Hospital for veterans, Montreal, 2007*）。

◄ 0224

敢于玩景观。新操场的明星是蓝色斑点蝾螈；它是一种原生于皇家山的水陆两栖动物，它从地面上抬起，融合了创新的游乐设施、水景和儿童权利长廊。蒙特利尔，皇家山公园游乐场，2009年（*Playground, Mount Royal Park, Montreal, 2009*）。

0225 ▼

敢于更新街道。康科迪亚大学的校园是市中心的街景。沿着街区街道的重新配置创建了一个充满活力的公共空间，同时减缓了车辆交通。孔科尔迪亚社区的礼物。蒙特利尔，诺曼-白求恩广场，2010年（*Place Norman-Bethune, Montreal, 2010.*）。

0226 ➤
敢于搞神秘。对符号和高贵的材料的使用是对1799—1854年间曾存在于该场地的墓地的神秘提醒。黑色花岗岩上采用了公墓图标，正交垂直图标重复使用，采用当代设计语言来表达对于仍然深藏在地面以下的亡人的尊重。蒙特利尔，多尔切斯特广场，2010年。与CCAPI合作（*Square Dorchester, Montreal, 2010. Done with CCAPI*）。

0227 ➤
敢于融入。“给和平一个机会”是纪念约翰·列侬和小野洋子1969年入住蒙特利尔的装置。将这件艺术品融入景观的地平面，其内在的谦逊，是对全世界都感受到同样谦逊的姿态的恰当赞美。蒙特利尔，皇家山公园，给和平一个机会，2010年。与琳达科维特合作（*Give Peace A Chance, Mount Royal Park, Montreal, 2010. Done with Linda Covit*）。

◄ 0228
敢于采用亮色。玩、放松、滑动、聊天、漫步、挥杆、跳跃、转动、扭曲和飞行。这是一个国际花园表演的装置，这个疯狂的彩色地毯将带你到达任何地方。蒙特利尔国际植物园，疯狂的地毯，2006年（*Crazy Carpet, International Flora Montreal, 2006*）。

 0229

敢于复兴地方精神。保留前糖厂的楼间空地给了这个住宅项目独特的精神和直接的场所感。在前工业荒地上的雷德帕斯糖厂厂房框架被改造为拉辛运河边的120套房屋。蒙特利尔，雷德帕思套房，2006年（*Lofts Redpath, Montreal, 2006*）。

0230

敢于绿化市中心。在这个直接与街道相邻的城市公共空间中，所有的种植区都与地面齐平，没有典型边界并采用现代主义景观语言的种植池。所有的大胆设计符合场地位于现代蒙特利尔标志旁边的需要。蒙特利尔，夏博瑙侯爵公园，2006年（*Place Monseigneur Charbonneau, Montreal, 2006*）。

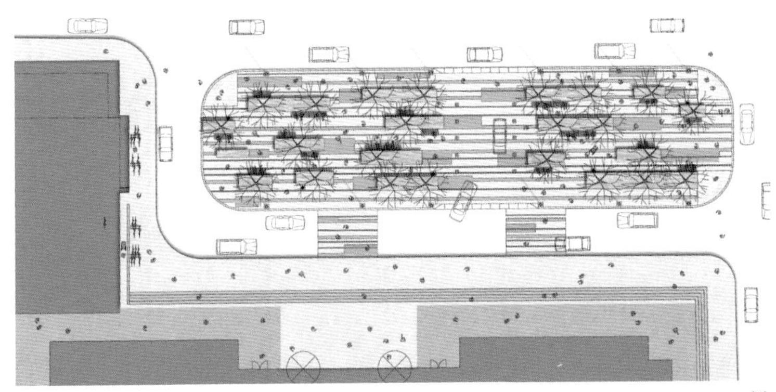

COE Design Landscape Architecture

英国

Beach Studio, 5a St Thomas Street
Weymouth, Dorset DT4 8EW, United Kingdom
Tel.: +44 01 305 770 666
www.coe-design.co.uk

0231 ➤

可持续的工艺：一个地方的物品的制作、技巧和工艺在现代景观中使用可支持它们的延续。里加的工艺品，其采用石头、金属、玻璃和装饰画的使用，从新艺术运动时期开始，至今仍有代表性。景观设计主要是线条的抽象表达；在白色石块中弯曲的黑色线条，带有弯曲的锻造磨光的金属栏杆和大门。里加，尤尔马拉，阿德勒霍尔（*Adler Hall, Jurmala, Riga*）。

0232

对景观的温柔印象：使用简单的形式和形状，对抗著名的地形。邓斯特布尔中心是一个重要的景观，邀请游客和社区来理解和欣赏该地区的特殊科学地位。用当地的材料、燧石、砾石、开垦草用的野花、收集的种子、种子培育的树木、树木的木材，形成与场所的联系。奇尔特恩游客中心（*Chiltern Visitor Centre*）。

0233 

记忆：唤起过去的感觉和形式，告知我们的想法。考虑失去的以及现在的以增加共鸣；痕迹的发现，声音的诱发，过程的揭示。伦敦的河流是隐藏的；雅各布岛只是提示过去的某一个地方，尽管和转变之初的实际岛屿已经有所不同，但是名字赋予水和河流的意义依然存在。雅各布岛（*Jacob's Island*）。

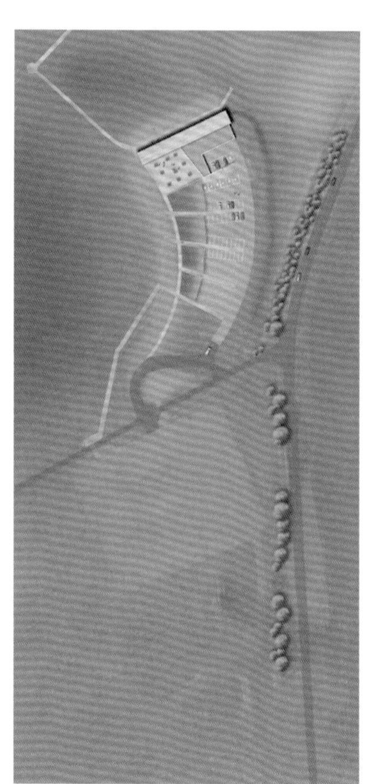

0234

提取地方意识：寻找另一个国家的园林文化起源。在也门，园林是以土壤、山石、气候、定向、再利用水和可利用植物为基础。一系列围墙花园是用泥土制成的，利用当地的萨那技术在广阔的场地上建造。也门，萨那英国大使馆（*British Embassy, Sana'a, Yemen*）。

0235

反射提取：使用自然光作为设计。在成熟的树下，小型公园是宁静的休息处，生动的绿色植物和凉爽的洁白石墙。在一定的光照条件下，玻璃屏幕反射图像并倒映提取外部城市运动的影像。克鲁尼·梅斯城市公园（*Cluny Mews City Park*）。

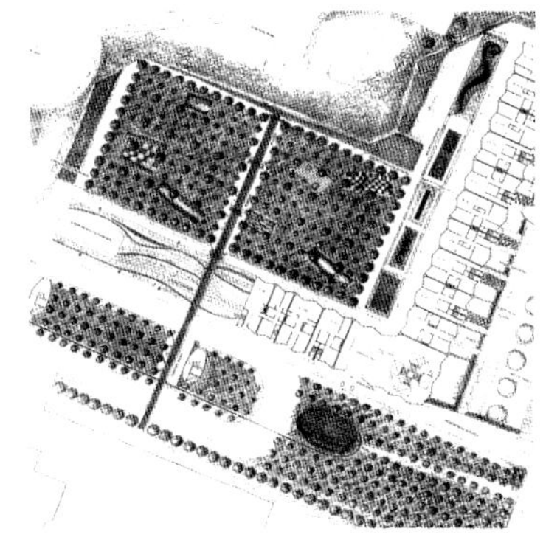

0236

痕迹：被遗忘的信号、标志和标记，留在风景或城市结构中漂荡。场地可能只留在记忆中或作为描述和记录中的反思集合。快乐的感觉在果树的田地里被捕获。在“秘密”花园内，停下来思考，长长的绚丽色彩将河流转化为果园。陶器场（*Potters Fields*）。

0237 

景观是剧场：使用景观作为参与的场景，人们作为参与者，形成场景和动作。考虑人们占用空间的偏好；流通，偶然会面或放松。彩色椭圆的抽象设置改变了各个方面，并且在夜晚它们浮动为光环。喷泉、色彩和树冠尖形的植物增强了体验。富勒姆岛（*Fulham Island*）。

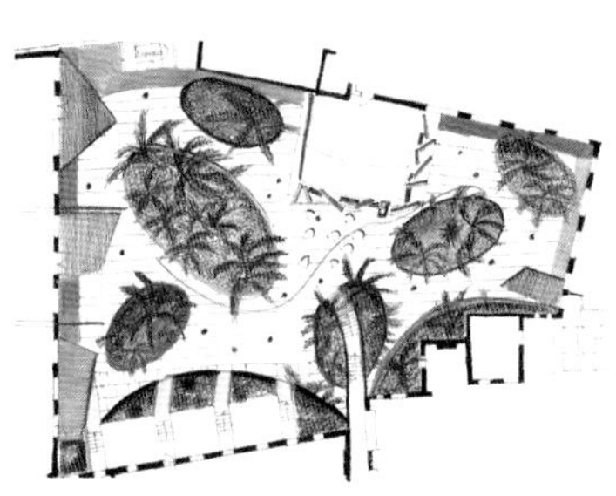

0238

非物质文化遗产：更新和延续。城市空间、广场、花园随着时间的推移经常更新。城市中的许多花园和袖珍公园原为私人花园、教堂庭院、庭院。无论是菜园、社区、野生动物栖息地、纪念馆还是家庭，它们的社区和用户都为这些空间带来了新用途和创意。新科洛斯（*New Cross*）。

0239

城市的物质性：伦敦是一座由红黄相间的砖、灰石板、米色的约克石和浅灰色花岗岩组成的城市。这些旧材料的特质连接了城市的许多部分，并创造了时代的连续性，结果使现代材料和图案存在于这种旧材料的纹理中，并且取得了新旧的平衡。联合广场（*Union Square*）。

0240

对形式加以利用：把形式作为一个庄园内的建筑环境进行评估。主轴圆锥体通向房子的入口，与主花园的椭圆形错开。这个花园的形状和比例是重复的，成为一系列花园、大门和铺装的细节。里加，尤尔马拉，阿德勒霍尔（*Adler Hall, Jurmala, Riga*）。

Collin Paysage et urbanisme

法国

25 bis, rue des Trente
35000 Rennes, France
Tel.: +33 2 99 32 02 15
www.collinpaysage.eu

0242

打开景观，更好地展示它。照片显示了在空地或边缘上的开口是如何揭示场地结构的。从山坡上的景点通过布置在人行道上的观景台得到突出强调。瓦兹河谷（*Oise river valley*）。

0241

使用水管理作为一个项目的设计词汇。为激活该项目，减少露天径流量是一个好办法。规划的滞流盆地可临时储存径流，并逐渐释放到网络中。挖掘的土墙强调了公共空间和私人空间的分隔。圣马洛（*Saint Malo*）。

0243

最大限度地减少汽车的影响是一项重大任务。移动停车场带来了一系列自然景观特征的重新发现，包括海滩和一个小山谷，使得该地点的连贯性得以恢复。由于海滩和草地的互补性，娱乐用途同样受到鼓励。普卢阿。执行景观设计师：阿赫那 HYL（*Plouha. Executive landscape designers: Agence HYL*）。

0244

当接近河岸时，大量的叶状植物，是水的直接参与性和部分遮阴的标志，说明了水边通道最有限的尺度。清晰的石笼语汇、机械稳定的土壤和树木与天然的岸边植被相关，旨在简化管理。芒特一拉维尔河畔的绿地。曼特斯拉维尔，沃库勒尔河畔的绿地，保罗艾吕雅（*Mantes-la-Ville. Jardin Paul Eluard, green area on the banks of Vaucouleurs river*）。

0245

添加完成面的细节。在这里，植物园中的木甲板让人联想到带来异国植物的船甲板。拉罗谢尔博物馆的植物园（*La Rochelle Museum's Botanic Garden*）。

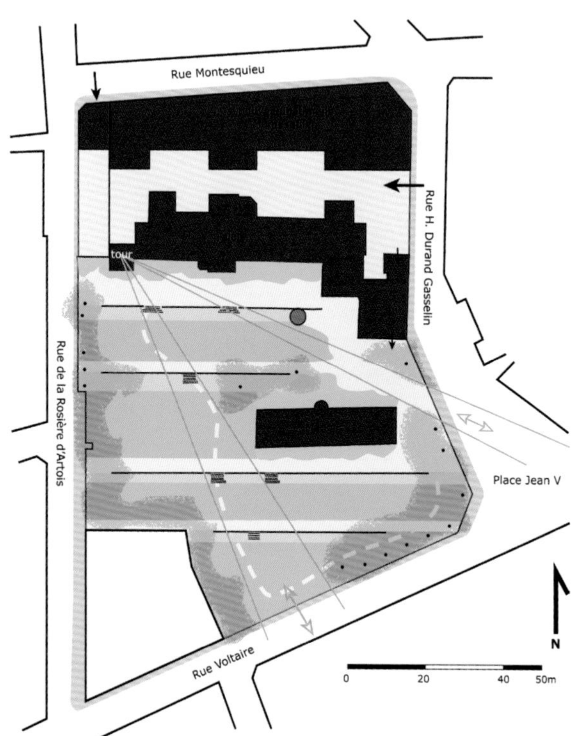

0246

简化路线通常可以改善空间的分裂。通过规划北部的建筑物和南部的公园，可以更好地管理光照方向。南特多布雷博物馆。定位计划（*Nantes Dobré Museum. Orientation plan*）。

0247

尊重大地的普遍层面。在这个解决方案中，成排的风力发电机和整个风力发电场被整合到大地浮雕般的几何图案和场地地块中，反映了天空中看到的大地的浮雕。勒罗舍罗，风力发电场的建设（*Le Rochereau. Construction of a wind farm*）。

0248 ➤
通过利用农村农田的各种元素，如树篱、水景的透视和栽培花卉的线条，郊区的公园可以成为城乡之间安静实用的边界，限制城市蔓延和车辆交通。盖朗德（*Guérande*）。

0249
分析景观的特点并将其转化为城市发展提案的挑战。为此目的，必须考虑城市地区与其环境之间的连接模式——河岸和乡村——道路和街道延伸的可能性。挑战是可持续的城市发展。沙特尔布列塔尼地区，南区城市发展（*Chartres-de-Bretagne. South area urban development*）。

0250 ➤
为了开放一片城市区域，建立一个景观框架，通过花园空间，自行车道和人行道等元素将扩张的城市区域的未来居民与周围的森林结合起来。雷恩（*Rennes*）。

Roger Narboni, lighting designer
Concepto Studio

法国

Parc de Garlande
1, rue de l'Egalité
92220 Bagneux, France
Tel.: + 33 1 47 35 06 74

0251 ➤
地缘文化：尽可能与当地人合作，通过灯光设计来表达他们的文化。我们与中国照明集团合作，对中国南方杭州大运河夜景的中国渲染风格进行了一次非常有趣的联合研究。合作伙伴：中泰照明集团。（*Partner: Zhongtai Lighting Group*）。

© Concepto Studio, Zhongtai Lighting Group

© Xavier Boymond

0252 ▲
太阳能：如果可能，应使用可再生能源专门用于原有的灯塔或特定信号。这个曾经非常多余且未能升级改造的铁路场地现在是巴黎一个重要城市公园的一部分，在夜间很容易通过它的蓝色信号灯识别出来。景观设计师：杰奎琳奥斯特。建筑师：弗兰苏伊斯·格雷瑟（*Landscape architect: Jacqueline Osty. Architect: François Grether*）。

© PSA

◄ 0253
非物质性：在一些非常特殊的照明项目中，自由开放可以获得意想不到的结果。对于标致雪铁龙设计中心的演示室而言，检查设计好的汽车需要极强的无影功能性照明，该照明与最终形成的椭圆形空间相结合，形成了一个没有视觉限制的独特感官世界。建筑师：里波尔和杜哈特（*Architect: Ripault & Duhart*）。

0254

夜间环境：尽可能在您的照明工程中获得和捕捉周围的功能性照明，以完全改变人们对建筑物的感知，就像我们在意大利都灵的一家热电厂外立面创建的这个奇异夜景一样。

0255

明亮的氛围：即使在艰难而高密度的环境中，也要始终考虑城市灯光能够为人们每日经过的道路带来什么。景观设计师：HYL（*Landscape Architect: HYL*）。

0256

诗意：尝试为所谓的简单照明项目找到一种可被感知的方法。穿过巴黎近郊树林的公共步道设计也应该具有独特性和原创性。景观设计师：杰奎琳·奥斯特（*Landscape architect: Jacqueline Osty*）。

0257

城市窗口：用光创造新的标志。这就是我们所做的改造停车场建筑的一种短片，可以捕捉并引导公民的夜间视觉。建筑师：安托万·格鲁巴赫（*Architect: Antoine Grumbach*）。

0258

自然照明：融合您的想法和自然元素，加强您想要创造的夜间视觉冲击力。这条长265m的发光灯带专门设计用于安装在图卢兹的加龙河的河床上，以便白天看不见。

0259

少即是多：有时候，光线不仅可以照亮建筑物的实体部分，还可以揭示建筑的孔洞或虚空间，实际上光可以定义建筑物。对于巴黎附近的巨大罗马渡槽，现在可以通过光线的勾勒在夜间轻松识别出大家熟悉的结构。

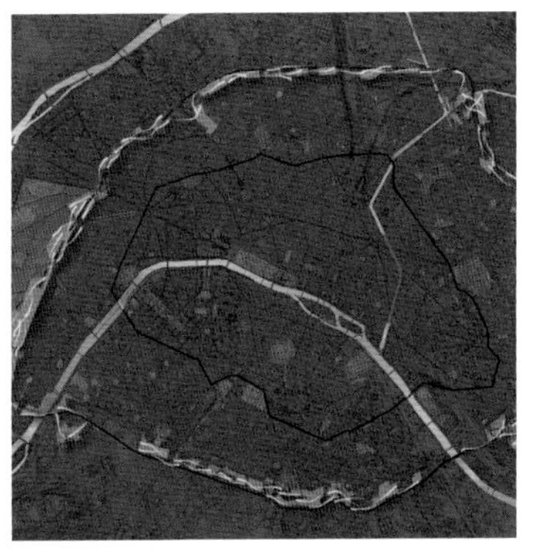

0260

思考大格局：不要拘泥于程序的极限或边界。把你的视野扩展到整个领域，以便能够提出正确的答案并让客户对你的设计梦寐以求。对巴黎皇冠照明总体规划的研究，使我们能够为巴黎公共照明逐步发明和发展出一种全新的战略。

Earthscape

日本

2-14-6 Ebisu Shibuya-ku
150-0013 Tokyo, Japan
Tel.: +81 3 6277 3970
www.earthscape.co.jp

0261 ➤

这是为东京医疗器械制造商公司而做的外观设计。人体生物节律与月亮的相位联系在一起。它告诉我们人与自然之间的紧密联系。

0262 ➤

这个池塘存在于大海和天空之间的边界上。关于天空的词语将出现，反映在水的镜面上，然后消失。海水消失后，有关海洋的词语会从底部出现。人们通过提醒自己的起源，从海洋中来和在陆地上成长，来重新思考自己的存在。

➤ 0263

地球温度计。在夏天，白色立方体反射光波，触摸起来凉爽宜人。在冬天，黑色立方体有充足的光线，为坐在上面的人们提供温暖。它还可以作为测量地球温度的一种手段，因为夏天会有更多的人坐在白色的立方体上，冬天会坐在黑色的立方体上。

0264 ➤

我们在仙台天文台设计了一个天文望远镜。我们还设计了望远镜观察室的通道。这是通往太空的出发方式，也是从太空返回的方式。你觉得自己就像一个宇航员即将乘坐太空火箭。这个地方是一个空间连接器。

0265

儿童游乐场。有时，孩子们的“山”和孩子们的“波浪”出现在我们的风景中。

0266

对一个武士的房子和办公楼，以前用途的工种规划，都是在原来的位置重新创建。从下面向上看，这些台阶成为单一的时间顺序图，有关这个地方的记忆刻在台阶立面上，当代城市景观则反映在抛光完成的台阶平面上，揭示了历史与当代相交的场景。

0267

这个空间分为16个不同的部分，每个部分都有自己的主题。这个想法是为占据每个部分的人提供机会，使他们可以对自我存在与环境之间的联系形成个人意见。我们把这个计划命名为“哈乌尤巴科”。“哈乌尤巴科”是一个白色盒子，里面装有一个温度计，在日本的每个校园里都有。这个物体的神秘性常常激起孩子们的好奇心。

0268

想象的花园是由一个词的片段组成的。

0269

赫伯曼全身覆盖着草本植物。他环游世界，用他的咖啡馆教人们各种草药生长对其身体的影响。咖啡馆的收益通过赫伯曼基金为社会做出贡献。赫伯曼继续旅行，相信人与自然都健康的世界，孩子们就会在这里很快乐，有足够的空间玩耍。

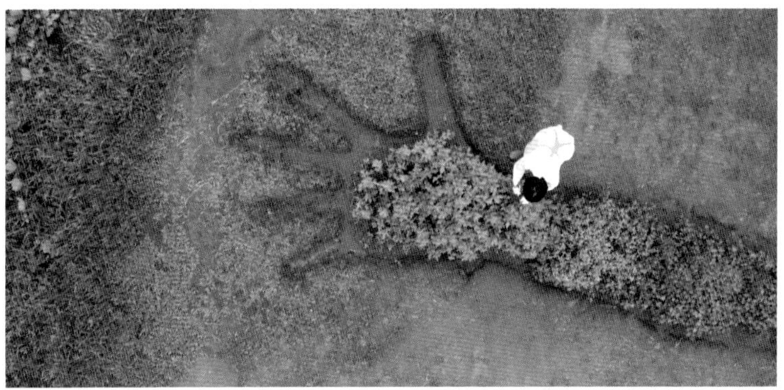

0270

采样墙是城市的一个碎片，是城市居民日常生活场所的记忆。

East architecture, landscape, urban design

英国

4th floor, 49-59 Old Street
London EC1V 9HX, United Kingdom
Tel.: + 44 207 490 3190
www.east.uk.com

0272

避免故意破坏。我们注意到镶有标识牌的长椅通常不会受到破坏。我们在附近的学校举办了 系列的写作讲习班，在公园长椅上镶的标识牌上贴出了最佳诗集。

0271

使沙坑尽可能大，既可以作为游戏设备的安全表面，也可以提供游戏机会。在哈查姆花园，我们让沙坑流淌进地面，实现与整体公园的无缝过渡。合欢网格树阵提供了斑驳的阴影。哈查姆沙坑花园（*Sandpit Hatcham Gardens*）。

0273

从当地使用者了解到该地区的问题和机会是：为了避免狗威胁儿童和公园里的其他游客，我们设计了一个指定的狗的活动区。再次与附近的小学合作设计了狗驯服垫，帮助狗主人训练狗的正面行为。

0274

在概念、策略和细节之间建立强有力的关系，以实现场地特定的方案。由一条裤子制成的灯芯绒模型影响了一处包含“装饰小品”意味的公共设施的纹理黏土铺装背景设计。

0275

重复使用现有材料。在萨顿大街，预算不允许建一个全新的铺装路面。新材料设计成与现有材料紧密结合的样子。这使得我们可以将就旧景观作为整体设计的一部分。

0276 

设计可灵活使用的家具。柏蒙广场是一个新的城市公共领域，位于新的混合使用开发项目中，可容纳200个摊位的市场和各种各样的活动。我们在关键位置上设置了长椅，以便在非集市日的期间充当汽车的车挡。柏蒙广场路面（*Paving in Bermondsey Square*）。

0278

使树木和座椅成为伙伴，以提高对彼此的认识和创造不拘形式的游戏机会。PWP树和椅子（*PWP tree and seat*）。

0277

将水和排水设施作为设计的一部分。在萨顿大街，新的铺装和排水与街道的坡度有关。在此背景下设计了特殊的花岗岩石块，采用带有凸起图案的表面以增强水流动的可视性。

0279 

在雷纳姆村，我们看到这个地方在空间和历史上都非常精彩。新的公共领域和景观设计旨在通过为历史大厅、工业小溪空间和连接泰晤士河的开放沼泽地提供联通道路，提高现有品质，并揭示它们之间的新关系。雷纳姆村拼贴画（*Rainham Village Collage*）。

0280 

设计具有深框架和浅面层的市政管井盖板（与通常的深框架/深面层或浅框架/浅面层板相对）意味着可以整齐地切割混凝土结构，正好与框架相接，而不需要第二个水泥砂浆框架。确保不同材料间能够很好的衔接和工作，这使得其余工作更加容易。伯蒙西广场实用盖板（*Bermondsey Square Utility cover*）。

Fabio Márquez

阿根廷

Río de Janeiro 876, 2° P - (1405)
Buenos Aires, Argentina
Tel.: +54 11 4982 9648
www.fabiomarquez.com.ar

0281

蝴蝶园。在文化中心贫瘠的庭院里，设立了一个为期6个月的蝴蝶园。这个短暂的花园让人们有机会发现蝴蝶的魅力，这是目前在城市里难以企及的。这个花园试图提高人们对城市生物多样性和栖息地环境质量的认识。布宜诺斯艾利斯，雷科莱塔文化中心，蝴蝶园（*Butterfly Garden, Recoleta Cultural Center, Buenos Aires*）。

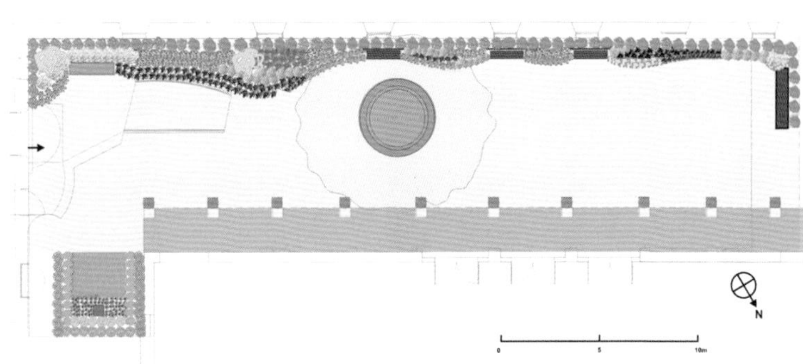

0283

参与式设计。通过积极的社会参与过程设计一个新的公共绿地，在这个过程中，各种潜力可以自己达成共识也可与项目团队达成共识，从而创造出最好的公园。儿童也参与到这一过程，因为他们的意见才是根本的。布宜诺斯艾利斯，贝尼托·金克拉·马丁本土植物群公园（*Benito Quinquela Martín Native Flora Park, Buenos Aires*）。

0282

当地植物群落。公共空间由邻居们自己推动建设，只使用当地的本土植物。这个占地9英亩（3.642公顷）的公园在植物区系组成方面是独一无二的，它吸引了鸟类和蝴蝶等动物群，提供了非常吸引人的生物多样性。布宜诺斯艾利斯，贝尼托·金克拉·马丁本土植物群公园（*Benito Quinquela Martín Native Flora Park, Buenos Aires*）。

0285

水的优化使用。为了避免浪费水，安装了一个水循环系统。首先，水进入喷泉中，在日光浴池旁边冷却，然后倾倒于水生植物池塘，水生植物通过喷水器和滴水软管向灌溉系统供水。布宜诺斯艾利斯，贝尼托·金克拉·马丁本土植物群公园（*Benito Quinquela Martín Native Flora Park, Buenos Aires*）。

0286

日光浴室。一种可以用作日光浴的开阔空间，地面柔和起伏，木平台就如同漂浮在草坪的海洋中，避免了该场地被用作足球场。毗邻它有一个池塘，里面有水生植物和一个喷泉，喷泉可以降温。布宜诺斯艾利斯，贝尼托·金克拉·马丁本土植物群公园（*Benito Quinquela Martín Native Flora Park, Buenos Aires*）。

0284

热衰减。为了减弱夏季布宜诺斯艾利斯的酷热，在凉棚顶上安装了水雾系统。它们润湿空气而不会弄湿东西，这显著降低了凉棚的温度。布宜诺斯艾利斯，贝尼托·金克拉·马丁本土植物群公园（*Benito Quinquela Martín Native Flora Park, Buenos Aires*）。

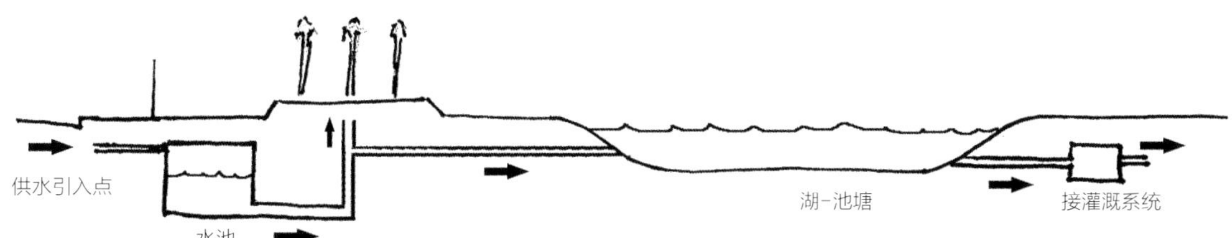

0287

聚集区域。娱乐和聚集空间为成年人提供了在娱乐的旗帜下产生社会关系的地方，其中包括一个室外地滚球场、投钱场地和棋盘。在幼树还没有完全长大前，简单的藤架提供了自然的遮阴。布宜诺斯艾利斯，贝尼托·金克拉·马丁本土植物群公园（*Benito Quinquela Martín Native Flora Park, Buenos Aires*）。

0288

循环利用的石头。在一个废旧铁路分类场的遗址上发现了一块旧的半成品岩石。决定将它作为一种装饰性小品和儿童活动设施，当儿童决定攀登这块石头时，对他们来说是一个真正的挑战。布宜诺斯艾利斯，贝尼托·金克拉·马丁本土植物群公园（*Benito Quinquela Martín Native Flora Park, Buenos Aires*）。

0289

迷宫。利用距地面50cm高的树干在公园的开放空间建造一个经典的单入口迷宫。以简单而质朴的方式创建了儿童游乐场，其中幻想是设计的主要刺激因素。布宜诺斯艾利斯，印地安公园（*Indoamerican Park, Buenos Aires*）。

0290

小广场。在一小块废弃地中开发了一个新的城市空间，它像一个小广场一样，是一个种植有观赏植物的、放松的儿童活动场。项目与维克托·拉莫斯合作进行。布宜诺斯艾利斯，金塔博尼（*Placita Quinta Bollini, Buenos Aires*）。

Francis Landscapes Sal. Offshore

黎巴嫩

Sin El Fil, Fouad Chehab Avenue, Far Vision No. 2151
Beirut, Lebanon
Tel.: +961 1 50 20 70
www.francislandscapes.com

0291 ➤
土地的陡坡可能成为一种资本，而不是作为一个不可逾越的障碍。利用地形特征，引入了一座岩石花园，而不使用挡土墙。在它的脚下，狼尾草丛中的田园水瀑布唤起了一种自然环境的感觉，呼应着平静漂浮在池塘中的鱼儿。

0292
在景观概念中融入和强调自然特征是最好的。当以这样的方式构思花园或游泳池以拥抱现有的岩层或通过在周围的岩石拥抱它时，那片静静的水完美地融合并反射出迷人的对比。目的是以最少的投入保持景观的真实外观。

0293
这座住宅的泳池位置和朝向决定了它在两座壮丽的门廊后面的形状。这些门廊的几何形状定义了空间，就像一个相框作为一个开放的入口，邀请旁观者在花园沉思。游泳池的整体效果令人惊叹，在其下的海洋和天空之间呈现出无限的倒影，散发出绝对的宁静感。

0294 ➤

通过凉棚与攀爬植被相结合，营造舒适温馨的空间，可实现空间的连续性。将凉棚降低到人体尺度可以减弱外墙的粗糙度。它还可以帮助您定义空间，为您的花园增添风格和庇护所。这些钢铁或木材制成的细长栅格可作为建筑与花园之间的统一连接。

0295 ➤

无边泳池已成为这种卓越的象征。这些泳池的战略布局实现了所有景观的田园诗般的融合，并实现了与周围环境的视觉连续性。通过增强其隐私和景观，无边泳池成为一个宁静有利的位置，可以从中观赏引人注目的迷人景色。

0296

记住要利用每一个室外空间，即使是最小的空间，也可能变成景观的天堂。通过使用装饰鹅卵石和花盆、花架棚架、水钵、木甲板，建立一个干旱花园，并在没有土壤深度的硬质景观上工作。利用水景、绿墙、建筑立面装饰等垂直元素，来提供生态友好和家常的环境。

0297

成功的园林设计应该与其周围的环境相联系，并且满足人的感官。藤架上开花的攀援植物、摩挲着的鹅卵石和树叶、种植着果树的果园、喃喃细语的滴水嘴，激起和诱导人类的欲望在惊奇中徘徊，探索未被揭示的元素。

0298

当你准备种植方案时，始终需考虑简单、统一、和谐、平衡和尺度。结合有吸引力但对比鲜明的叶子形状和纹理，可以帮助您获得独特而卓越的效果。最好将长圆形的大叶植物（香蕉、天堂鸟、玉簪属植物）与结构植物（棕榈树、竹子、苏铁）结合起来，以获得像绿色挂毯一样有着纹理对比的绿叶组合。

0300

当设计户外照明时，你需要考虑照明的目的以及达到预期效果的基本方法。园林绿化中的照明线路应采用低层光漫射装置，最好隐蔽在灌木丛或灌木之间。当从远视角观察景观时，这将减少来自暴露光源的眩光。

0299

永远不要低估灯光对你的花园的重要性。就像童话故事一样，花园在夜里复活。水景和水池照明技术最好的做法是使用多个小光源而不是几个大的泛光灯。这些应该放在远离参观者座位的位置。窄的光束在这种情况下也很受欢迎。

Gabriel Burgueño

阿根廷

Irala 600
Buenos Aires, Argentina
Tel.: +54 11 15 3148 2741
gburgueno@buenosaires.gov.ar

0301

乡村景观：在旱生景观恢复工程（即“干旱的朋友”）森林中，提出了一项计划，将农村景观视觉融入文化生产媒介和自发的自然环境。这一区域的管理由位于布宜诺斯艾利斯省的莫雷诺的弗朗西斯穆尼兹遗址博物馆负责。

0302

河岸森林：湿地在景观中扮演着重要角色，尤其是作为供应和改善饮用水的场所。建议重新种植它们，以增强野生动物的栖息地，有交配、筑巢、喂食的地方，也便于使用者享受湿地景观。在这里，我们建议修复莫雷诺市区的原生柳树林。

0303

景观更新：修复更新是一种修复退化的生态系统或景观的方法，或是在景观完全被毁坏时重新引入。图片显示了朴属（Celtis ehrenbergiana）矮丛林的一部分，这是一种与榆树有亲缘关系的树，是布宜诺斯艾利斯植物群的象征。通过景观项目进行修复可以增强场地的景观价值。

0304 

防护：这个在森林里的艺术装置（由视觉艺术家玛丽·罗斯·安德烈奥蒂设计）通过保护树的比喻向我们宣传了对环境的承诺。该树为商陆科植物，是阿根廷植物区最具特色的典型树种。这种干预表明，人们需要在景观中进行艺术设计，作为一种强调信息的方式。

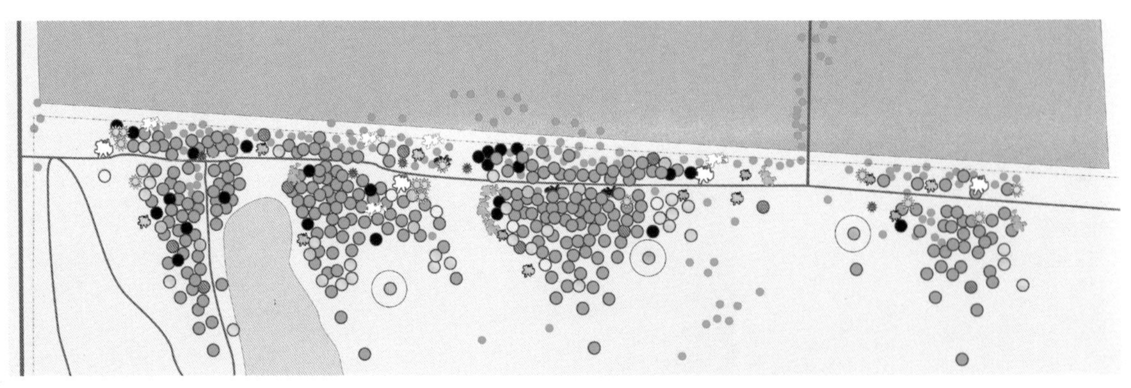

0305

粗放的公共空间：该场地唤起了自然景观，而采用的植物色调发出了一个隐喻性的信息，是关于它所在的拉博卡区的细微差别。草坪自由生长的部分被塑造出来，以容纳河床草原的野生物种生长和繁荣。贝尼托·金克拉·马丁本土植物群公园（*Benito Quinquela Martín Native Flora Park*）。

0306

在公共场所树荫是一个重要的资源，当整修贝尼托·金克拉植物园时，所种植的攀援植物的茂密叶子和引人注目的花朵很快覆盖了棚架构筑物。这一建议是以可持续发展的方式增加阴凉（节约灌溉用水、减少对农用化学品和管理的补贴），并适应当地土壤和气候等条件。

0307

绿色立面：该住宅有一个植物花园，供生物环境设计。该设计建议在外墙和屋顶上种植植被，以可持续的方式提供遮阴。该设计是与建筑师胡安·卡洛斯·罗德里格斯合作完成的。

0308

水生植物旁的池塘与长凳：水池是由像泻湖、河口、溪流、小溪或河流等自然环境所衍生的。沼泽植物被种植在像井一样的容器里。该项目与景观设计师阿尔伯托·吉迪奇合作进行的，他也建议使用水中空间来加入不同的植物和动物。

0309

教育植物园：一系列乡土植物可以采用醒目的设计种植，以增加其树木种类的价值。这个植物园计划在布宜诺斯艾利斯省莫雷诺市的土地上，并举例说明了利用景观项目进行教育的可能性，我们建议多建设这类植物园。

0310

生物廊道：线性系统是城市地区的关键，在这些地区，自然界已被缩减为残余斑块。通常通过围栏、树篱、河流、铁路、街道和高速公路形成的廊道，可以连接斑块。在这里，一行行的植物呈现出线性空间的概念，这也是功能性的。

GCH Planning & Landscape Architecture

美国

1607 Dexter Avenue North, Suite 3
Seattle, WA 98109, USA
Tel.: +1 206 285 4422
www.gchsite.com

0311

建立节奏感。中国，海南，喜来登（*Sheraton, Hainan, China*）。

0312

尊重历史，恢复土地。华盛顿，塔科马，钱伯斯湾（*Chambers Bay, Tacoma, Washington*）。

0314

建筑与景观相结合。华盛顿，乔治，萨格利夫（*SageCliffe, George, Washington*）。

0313

尊重自然栖息地。鸟类观察者的住所，华盛顿，枫树谷（*Maple Valley, Washington*）。

0315
在大自然中寻找灵感。华盛顿，雷德蒙德，彩虹跑（*Rainbow Run, Redmond, Washington*）。

0316
保护和加强当地文化。中国西藏，林芝（*Linzhi, Tibet, China*）。

0317
使可持续性保持既简单又实用。华盛顿，阿纳科尔特，圣·胡安通道（*San Juan Passage, Anacortes, Washington*）。

0318
鼓励人们聚到一起。华盛顿，苏古米，克利尔沃特（*Clearwater, Suquamish, Washington*）。

0319
记得要玩得开心。马来西亚，丹戎，码头（*Quayside, Tanjung, Malaysia*）。

0320
创造神秘、复杂和冒险。华盛顿，雷德蒙德，私人住宅（*Private Residence, Redmond, Washington*）。

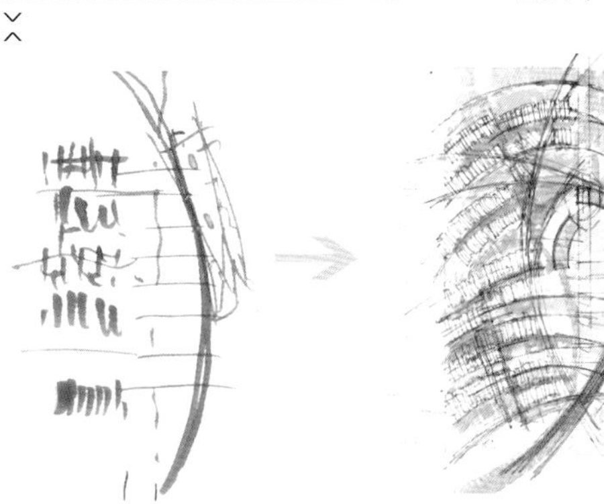

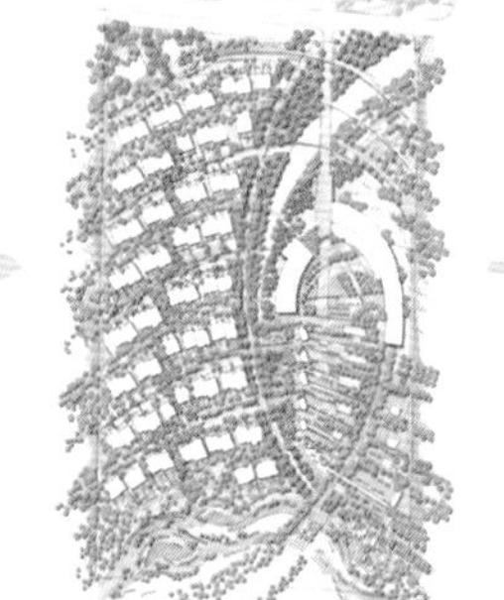

Gora art&landscape

瑞典

Vilebovägen 4 A
21763 Malmö, Sweden
Tel.: +46 40 91 19 13
www.gora.se

0321 ➤
让自己大胆。发展你的想法的本质。“家庭”是基于在马尔姆奥斯的感染诊所建立一个花园并开花生长的想法。由于临床敏感环境的严格限制，不能使用植物，对于植物生长的体验是通过聚酯纤维玻璃制成的雕塑来实现的。

© Peo Olsson

0322 ➤
不要忘记使用空间中已有的东西。“拍马”这项作品来自瑞典国王查理十世在马尔默奥斯托勒广场的现存雕塑。通过“拍马”这项作品，雕塑变得容易接近。公众可以在很近的范围内与之互动。

© Jimmy Söderling

0323 ➤
使用细部来加强概念。在项目“2个架空平台”中设计了栏杆与平台之间的间隙，这有助于弱化平台与栏杆之间的连接。其结果是在平台上行走时会产生不确定性，因为栏杆似乎没有连接。事实上它们似乎不太可靠，而这正增强了人们站在高于地面景观的高处的印象。

© Monika Gora

© Fredrik Karlsson

0324 ➤
通过一系列的项目发展你自己的惯用设计语言和想法。“玻璃气泡”延续了起源于“一束光”的球形设计，但为了另一目的而进行调整，并由完全不同的材料制成。

© Monika Gora

0325 ➤
低预算可以创造新的、令人兴奋的解决方案。西约塔兰种植钵是预算削减的结果，后来成为了一种商业产品。

0326 ➤
只创造你自己想要体验的东西。“空中城堡”来自于想感受垂直体验的欲望。

© Ursula Stiner

0327 ➤

找到你自己的灵感来源。参观、旅行、讨论。吉米的灵感来自澳大利亚艾尔斯岩的一个名叫奥尔加的阵型。

© Fredrik Karlsson

© Ake Eson Liman

0328 ▲

传达对美的欣赏。促进对景观的欣赏。架空平台意味着创造一个沉思欣赏景观的地方；景观的美感通过这种如同在空中航行的感觉来得到增强。

0329 ➤

将挑战融入深思。“银树”是一个里程碑，它具有许多象征意义，但它也是一个务实和有用的交汇点。

© Per Mannberg

0330 ▲

与每个学科内的最佳人员协作。如果没有与技术娴熟的工程师和专家密切合作，就无法获得“玻璃气泡”易碎和透明的印象。

Gustafson Porter

英国

Linton House
39-51 Highgate Road
London NW5 1RS, United Kingdom
Tel.: +44 207 267 2005
www.gustafson-porter.com

0331

地面可以雕刻，以提供开放或封闭的感觉，建立运动路线和链接，创造视觉趣味和景色，并定义可规划的空间。这种为新加坡的一个新公园制作的新型石膏模型是受到树叶形态的启发得到了灵感。

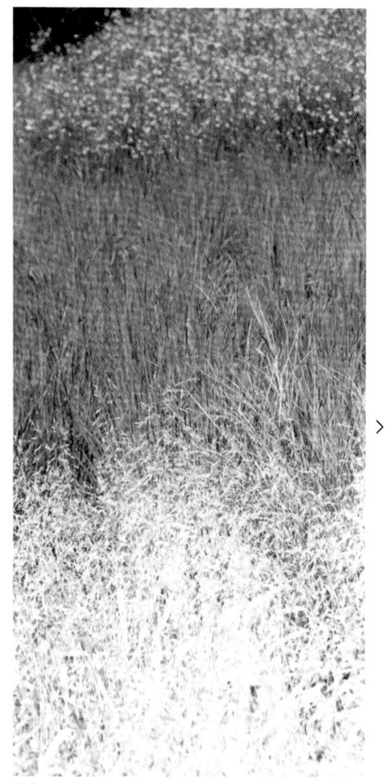

0332

种植带来了色彩、规模、结构、质地、高度、密度、产地、香味、形态和运动。

0333

外部环境的背景塑造了它的性格：气候、地形、地理位置演变为动物和植物物种的独特生境，也定义了文化和社会实践。包容性和可持续的景观设计承认历史和传统。这座位于摩洛哥卡萨布兰卡的现代住宅开发项目重新改造了传统的庭院花园。

0334

多种形式的水可以使软质和硬质的景观都栩栩如生，例如伦敦英国财政部庭院的水景。

0335

对运动流线和使用模式的研究使新的景观能够响应现有的运动和连接线路，同时也创造新的路线。

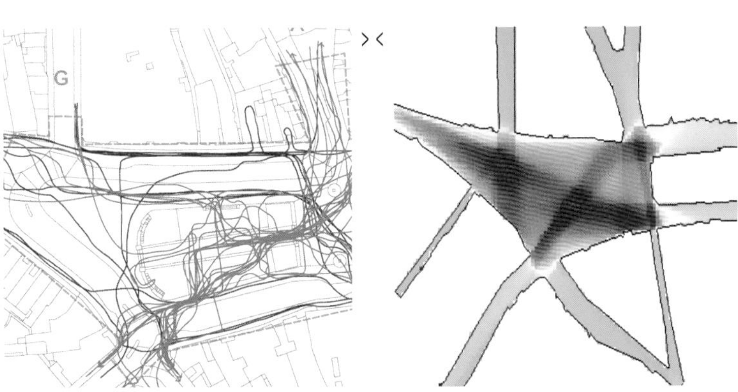

0336

在设计过程中可以使用在替代领域发展起来的科技和技术，以生成新的形式和几何形状，或开发创新构造方法。使用来自汽车工业的软件扫描黏土模型以生成3D计算机文件，以用于设计和切割伦敦威尔士王妃戴安娜纪念喷泉的轮廓的复杂石材。

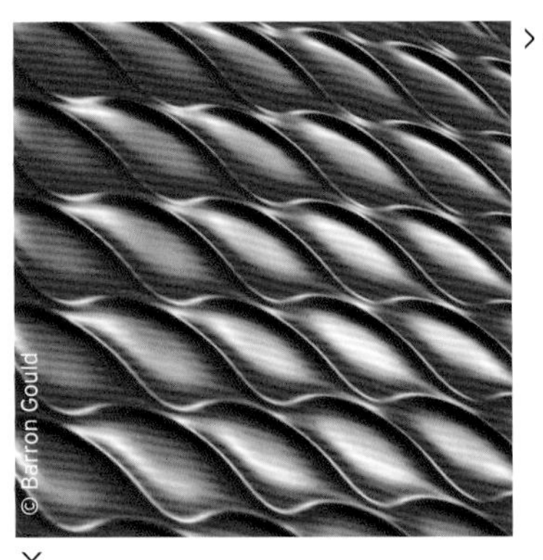

© Barron Gould

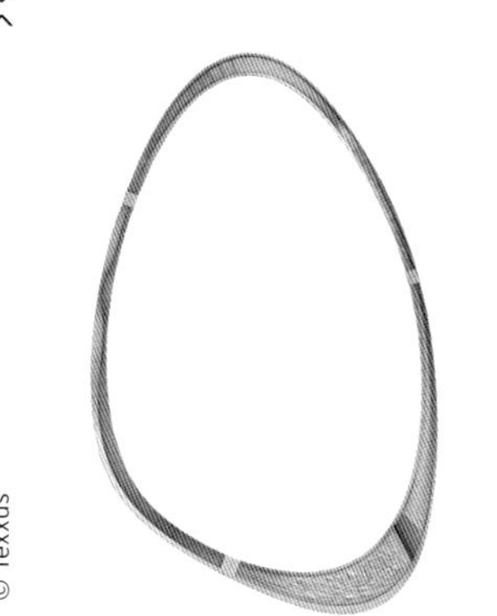

© Texxus

© Jason Hawkes

© Martine Hamilton Knight

0338

光和它的许多形式和效果可以像春天或夏天的繁花一样壮观。白天安静而沉思的空间在夜间可以变成一个庆祝的舞台。

0337

不同的景观元素可能需要几天、几个月或几年才能建立起来，植根于一个地方，并成为其历史的一部分。该恐龙模型位于一个新的永久性景观中，其特色是植物，旨在通过史前时期（如侏罗纪、白垩纪和三叠纪）创造一段地质旅程。

0340 ➤

景观设计有潜力重振和治愈破碎的社区，例如战争或社会冲突撕裂的社区。贝鲁特未来宽恕园的设计向人们提醒着过去以及社区和谐共处的能力。

0339 ▼

城市景观使人们能够在繁忙的日常生活中欣赏开放空间，这是我们城镇中稀有的商品。诺丁汉的旧市场广场被改造成城市海滩（*Old Market Square in Nottingham was transformed into an urban beach*）。

H+N+S landscape architects

荷兰

Soesterweg 300
3812 BH, Amersfoort, The Netherlands
Tel.: +31 33 432 80 36
www.hnsland.nl

0341 ➤
在设计中保持沉默：通过添加一些新的短途路线，已经实现了全新的步行，这极大地改变了该国家公园中心区域的体验。简单的添加看起来完全自然。它们不仅完美地融入自然景观中，而且看起来完全不言自明——好像设计师没有设计过一样。霍格·费吕沃国家公园（*National Park The Hoge Veluwe*）。

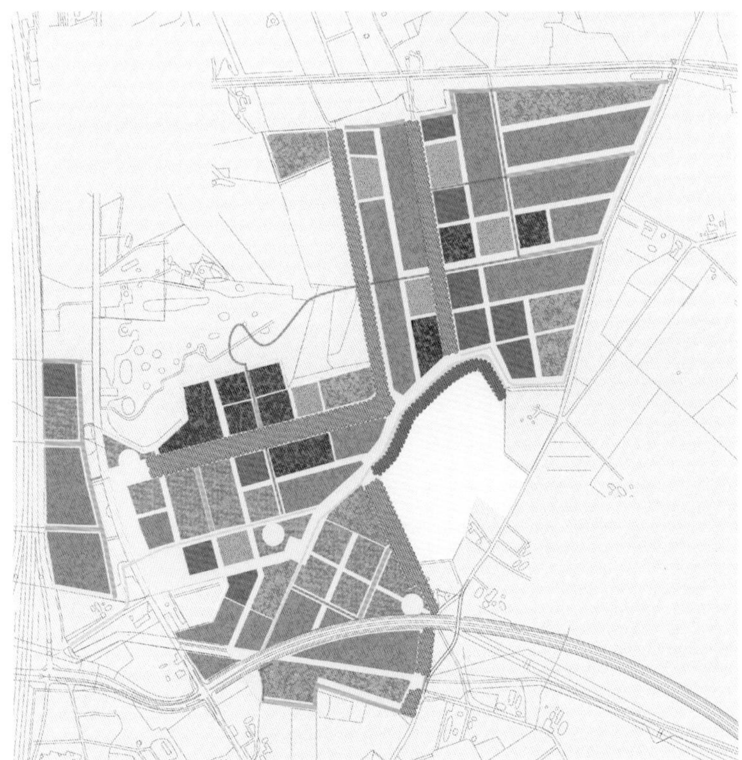

◄ 0342
设计智能城市森林：这种创新设计适用于以前的水净化台地，将木材的使用与缓慢的自然净化过程和林业的实验方法相结合。通过混合每平方米的大小和数量以及各种物种的综合利用，这个年轻的森林到几年后就已经成为一个真正的森林。诺德堡（*Noorderbos*）。

◄ 0343
不要扔掉你的旧鞋：即使有点过时，我们也应该珍惜旧的公园设计。如果基础是好的，那么一个公园应该有第二个生命，一个适合当前使用的新层被明智地添加到原有公园。在这个项目中，路径网络中的一些缺失连接被添加到了6km长的轮滑和跑步圆圈路径中。斯洛特普拉斯（*Sloterplas*）。

0344

处于土木工程师的位置考虑：沿着瓦尔河计划的堤防加固要求景观设计师可以处于土木工程师的位置进行考虑。面临的挑战是设计应基于技术和安全法规，而不是计划事后补救。经过这条堤坝给人留下了无尽的漂浮在河流之上的印象。艾克登-德鲁梅尔堤防工程（*Dike Afferden-Dreumel*）。

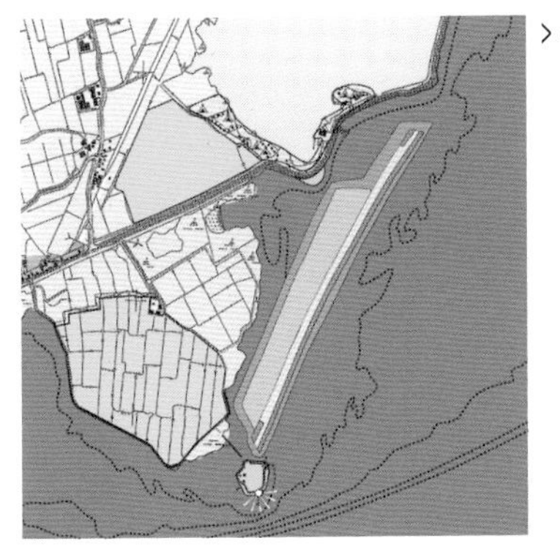

0345

设计结合自然：利威大坝为伊斯塞梅尔湖沿岸的岸边陆地提供平静的浅水，具有巨大的潜力，可以发展丰富的水上生活。用简单的笔触，利威大坝在珍贵的小型中世纪沃特兰水域和巨大的伊斯塞梅尔湖之间进行了温和的谈判。利威大坝（*Leeway Dam*）。

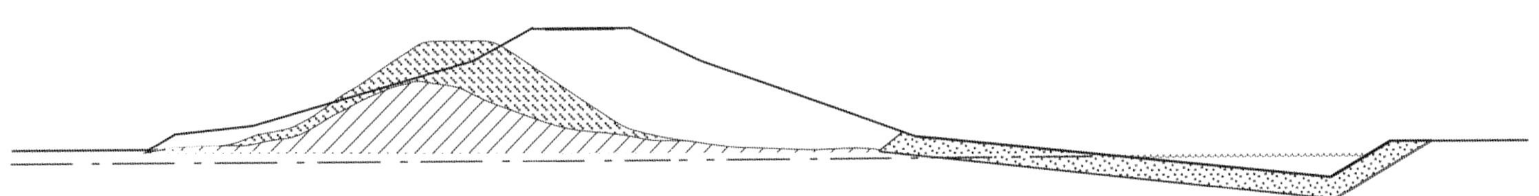

 0346

把限制变为效益：在荷兰最大的城市扩张区内，地下管网区域的限制已经变成了有益的部分，展现出宏大的效果。里金肯尼拉是一个35m宽、数千米长的绿色长廊，连接着各种绿地和城市区域。凹陷表面的选择增强了设计的强烈视觉效果。里金肯尼拉（*Rijnkennemerlaan*）。

0347

通过不同尺度进行设计：沿火车站遗留区域的改造提出了目标功能的问题。通过在几个不同尺度级别连接公园，它获得了重要意义。新公园区将市中心与周边景观连接起来，作为周边社区的代表性集体花园为旅客提供高质量的开放空间。鲁汶贝尔公园（*Park Belle-Vue, Leuven*）。

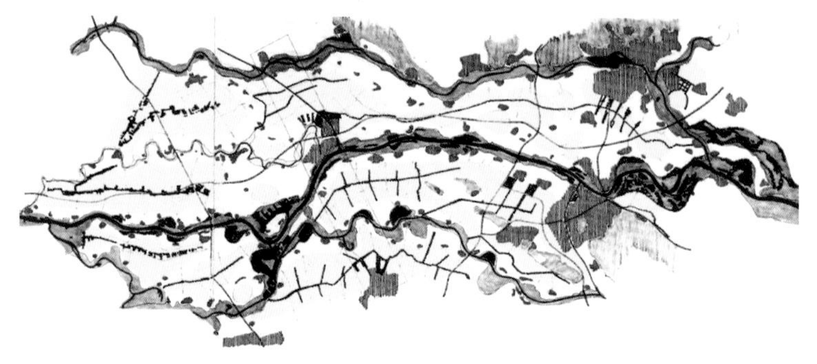

0348

为河流动力创造空间：荷兰的大河所具有的季节性洪水自然动态过程被用于将河流泛滥平原从农业土地转变为潮湿自然区域。更多的河流空间与新的自然价值的发展相结合，黑鹳可作为标志。充满活力的洪泛区成为与莱茵河、瓦尔河和默兹河接壤的强大生态走廊的重要核心区域。鹳计划（*Plan Stork*）。

0349

巨大的变革需要一个坚定的答案：在荷兰兰德斯塔德地区的一个大型圩田区的规划改造要求坚定和有力的声明。大规模的建筑区域需要强大的绿蓝平衡。绿蓝丝带公园和自然区既有娱乐需求，又有自然需求和蓄水功能。贝克尔-皮耶纳克绿色地带（*Green zone Berkel-Pijnacker*）。

0350

让自然发挥作用：研究与开发对于景观设计至关重要。为了保护荷兰海岸线的薄弱点（与海平面上升有关），设计了一种沙尘发动机，其中使用了风力和潮汐流。大自然自动将人工沙洲的沙子输送到最需要的地方。沙尘发动机（*Sand engine*）。

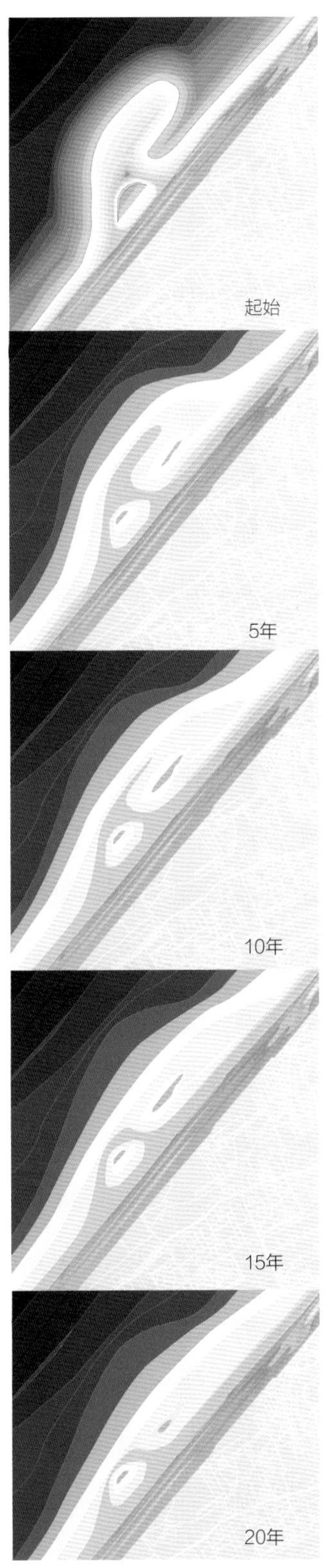

Habitat Landscape Architects

南非

PO Box 40937
Garsfontein East
0060 Pretoria, South Africa
Tel.: +27 83 226 0828/+27 82 775 4803
www.habitatdesign.co.za

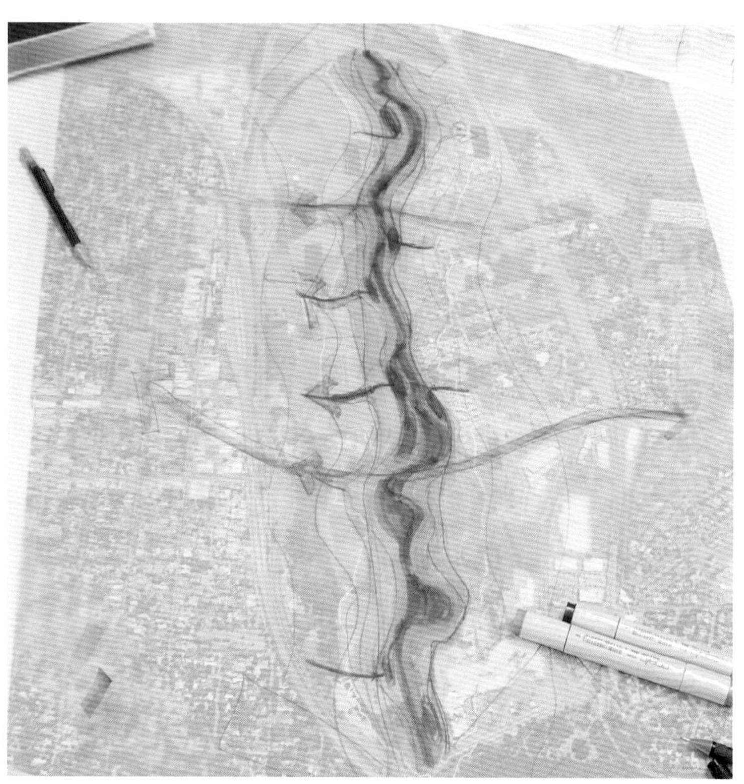

0351

场地分析：了解场地的背景是一切优秀设计的基础。场地分析是通过实践发展起来的一门精细的技术。需要观察明显和不那么明显的场地特征——记录地点和空间的细微差别。锻炼观察和归档的技巧将有助于做出合理的设计决策。阿皮斯河修复工程（*Apies river rehabilitation project*）。

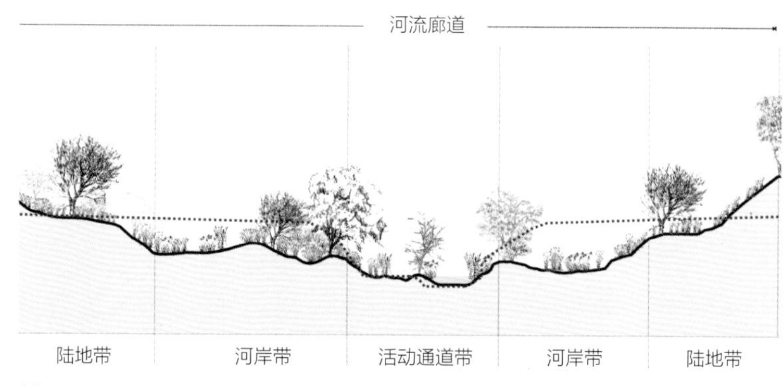

0352

记录参观场地情况：景观设计师往往只有有限的时间在现场，确保通过使用草图、图表和照片记录尽可能多的信息。在开始拍照之前，设想一下你的初步想法。问问自己，这张图片显示了什么，该场地从不同角度看起来如何，等等。阿皮斯河修复项目（*Apies river rehabilitation project*）。

0353

将目前的现状与未来的愿景联系起来：向客户出售设计方案需要景观设计师提出未来的愿景/设计。通过恰当拍摄现有场地和周围环境的照片并将其整合到设计方案中，使客户自己能够更好地熟悉项目并使提出的干预措施可视化。特沙特遗产项目（*Tshate heritage project*）。

0354

重复使用和回收：通常简单易于执行的想法可以指导项目的可行性和持续性。弗雷登堡水库需要对花岗岩山坡进行大量爆破，因此建议将岩石重新铺设在石笼台地作为挡土墙，大大节省了整体项目成本，减轻了视觉影响，并有助于建立了一个充满活力的社区公园。

 0355

坚定而简单的设计选择可以极大地促进当地社区的提升、技能的引入和项目的最终成功。弗雷登堡水库是一个很好的例子，劳动密集型的施工方法（手工包装约1000m³的石笼）产生大量的临时工作和技能学习。

0356 ➤

回应本土风格和当地建筑实践：乡土建筑风格和材料往往赋予一个地区或地方独有的特色。通过响应这些方面并以稍微不同的方式调整或改进，或仅使用本土风格和材料，可以创建令人兴奋的新元素。沙特遗产项目——露营地的牛粪形状地板（*Tshate heritage project–cow dung floor at campsite*）。

0357

设计考虑到景观的动态特性：景观是动态的，随着时间的推移而变化，良好的设计旨在回应这一点或支持它。客户通常需要一个即时的景观，但从现在起10年后它会是什么样子？良好的设计实践要求您应对预期和意外的变化。公共道路岛（*Public road island*）。

0358

水资源：特别是在发展中国家，水资源往往是每一滴都很重要的有限资源。需要以负责任的方式处理包括潜在径流和来自场地的雨水。简单而创新的设计决策可以大幅减少景观对水的需求，减少径流并提高水质。

0359

考虑长期维护：特别是在发展中国家，长期维护是决定项目成功和可持续的关键因素。应考虑每个设计决策、并考虑维护的影响。禧比公园精心设计和选择的砾石基质，大大减少了儿童游戏区周围的维护要求。

0360

当与多学科团队合作，从一开始你就必须坚持你是项目团队的一部分。从一开始，你就可以影响设计决策并做出重要贡献。阳光游泳池是由多学科专家团队设计的，经过多个设计周期，所有的功能、技术、美学和社区需求都通过有趣和令人兴奋的方式得以解决。

Häfner/Jiménez Büro für Landschafts Architektur

德国

Schwedter Straße 263
10119 Berlin, Germany
Tel.: + 49 30 44 32 41 53
www.haefner-jimenez.de

0361

围绕着发展的道路界定了城乡之间的界限。这是城市景观的一个基本要素。构造空间、创造方向感和导游点，并统一环境的多样性。

0362

生态平衡线。“帕恩斯多夫绿色拱门”不仅仅是一个景观项目，它被认为是一种战略，以满足在大型保护区内放松和娱乐的需求，并始终尊重生物多样性。规划阶段完成后，项目进行了公众咨询，其在社区居民中享有盛誉。

0363 ➤
过渡。埋藏在绿色地带的坡道连接了沿河的道路与道路历史标高之间的落差。设计赋予水以突出的作用，增强城市的天际线，始终考虑场地历史的背景。柏林墙东侧画廊公园（*East Side Gallery Park*）。

0364
水的轮廓：东侧画廊公园宽25m，是柏林墙和施普雷河之间最长的遗迹。隔离墙和古老的相邻巡逻道构成了历史和景观的整体。与墙相邻的土地被草覆盖，形成一个缓坡，通向距离水几步远的人行道。

0365
斯潘道的道路设计旨在确定与水和土地有关的路线。有时它接近岸边，甚至接触水，有时让它深入到起伏的大草原。然后这条路穿过了几何形的草地和略微倾斜的小树林，树丛中点缀着树林，为游客提供了遮阴。

0366

40年来，乔治斯威尔德山（汉堡）是一个垃圾场，现在已经关闭。在目前的状态下，这是长期昂贵的隔离和处理沉积物过程的结果，由于它们的危险状态，不能进行重大的改造。所使用的技术是同类技术中的首例，也是一个可供效仿的案例。

0367

乔治希尔山的精华依然存在。这个场地对游客开放，展示其复杂性和迄今所经历的转变：如何建造工业废物道路，从而利用其发电。一座900m长的桥梁围绕着山顶建造，始终处于同一高度。

0368 

在斯潘多柏林城市开发区的中部，这个几百年来用于武器工厂的岛屿本质上是一个非常吸引人的地方，但它并没有为游客提供必要的进入条件。为了解决这个问题，我们设计了一个3m宽、1.5km长的环岛公路。

0369

布伦格拉本河从哈韦尔河穿越斯潘道，一直延伸到柏林的尽头。该项目的目标是创造一个连续的绿色空间，与这两个要素——坑和道路，在现有城市结构的多样化环境中创造新的焦点。

0370

广场分为前后两个完全不同的空间。前者由于其开放性，地面进行了铺装，而后方空间被设计为绿色区域，雨水可渗入地下。阿德勒霍夫论坛（*Adlershof Forum*）。

Hosper landschapsarchitectuur en stedebouw

荷兰 + 瑞典

Postbus 5231
2000 CE Haarlem, The Netherlands
Tel.: +31 23 531 70 60
www.hosper.nl

Åsögatan 119, 2tr
11624 Stockholm, Sweden
Tel.: +46 73 674 33 64
www.hosper.se

0371
把功能性的过程变成令人兴奋的体验。海尔许霍瓦德-祖德：天然水净化系统和休闲景观（*Heerhugowaard-Zuid: natural water purification system and recreational landscape*）。

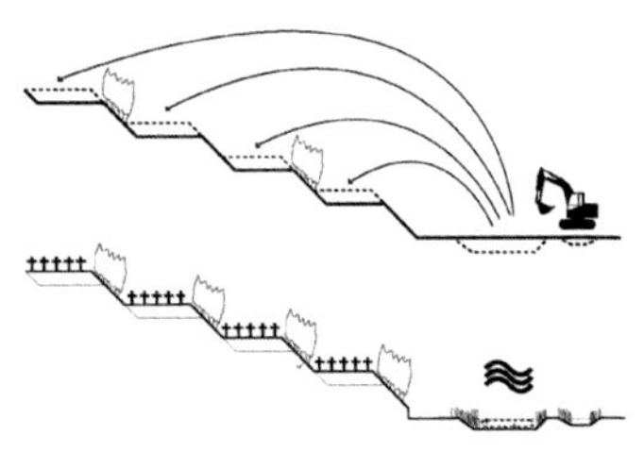

0372
每次干预都有多方面的目的。吉费尔特公墓：利用挖掘湿地和周围基础设施项目的土壤，使山丘适合于建造坟墓。（*Järvafältet Cemetery: making the hills suitable for graves using soil from digging wetlands and surrounding infrastructural projects*）。

0373
为多用途创造空间。热克矿广场：城市景观的空间（*Genk C-Mine square: room for urban spectacle*）。

0374
一丝不苟。本茨福斯哥斯比度假村：自然保护区的建筑（*Building in a nature reserve*）。

0375
设计与讨论。阿尔克马尔市奥代尔区：与居民一起举办的研讨会（*Alkmaar Overdie: workshop with residents*）。

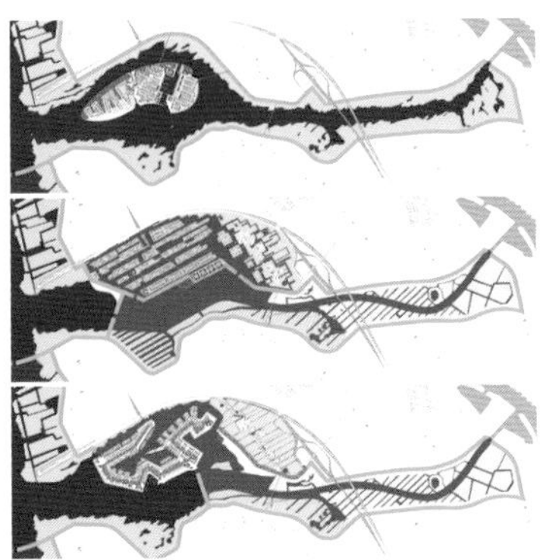

0376
展示不同的解决方案，提供良好的选择。坎彭支路：3个方案显示出对水不同的管理态度。

0377
如果它还不存在，那就自己设计吧。特别设计的模块嵌草砖铺装产生了绿色街道景观。

0378
尊重现有的品质，同时增加新的品质。通过创建新的潮汐沼泽景观加固阿夫斯图迪克堤防（*Afsluitdijk dike reinforcement by creating a new tidal marsh landscape*）。

0379
使你的演讲方式适合你的听众。小学生的水上自由地乐高模型（*Watervrijstaat Gaas perdam LEGO model for primary school students*）。

0380
把问题变成解决方案。黑格斯特的德哈格维尔德：历史建筑对面的地下停车场入口（*Heemstede Hageveld: entrance of underground parking opposite a historical building*）。

Idealice/Alice Grössinger

奥地利

Lerchenfelder Straβe 124-126/1/2a
A-1080 Vienna, Austria
Tel.: +43 1 920 60 31
www.idealice.com

0381 ➤

参与：参与是非常重要的，了解人们需要什么，尤其是在维也纳HIB这样的学校项目中，有600名小学生、老师和家长提出了自己的愿望。因此，已经创建了个人空间，这些空间得以很好地使用和维护。奥地利，维也纳，HIB-博哈寄宿学校（*HIB- Höhere Internatsschule Boerhaavegasse, Vienna, Austria*）。

0382 ➤

水平：在这个庭院里，必须克服4m的高度。艺术的目的是同时创造一个停留的地方和克拉根福医院食堂厨房的草本花园。奥地利，克拉根福，克拉根福LKH（*LKH Klagenfurt, Klagenfurt, Austria*）。

◄ 0383

私人露台：私人花园或露台往往是一个特殊的挑战。此外，在狭小的空间内，必须整合现有的装置。在这个屋顶上，烟囱/烟斗漏斗被改造成座椅家具。

◄ 0384

家具：工作室设计的家具不应该比普通家具更有扩张性。试着把特殊的家具融入设计中。在林茨科技园的例子中，由于与卡门建筑师事务所的良好合作，这一点在户外和室内都做得非常好。奥地利，约翰尼斯·开普勒大学，林茨科技园；建筑：卡门建筑师事务所（*Science Park Linz, Johannes Kepler Universität, Austria. Architecture: Caramel Architekten*）。

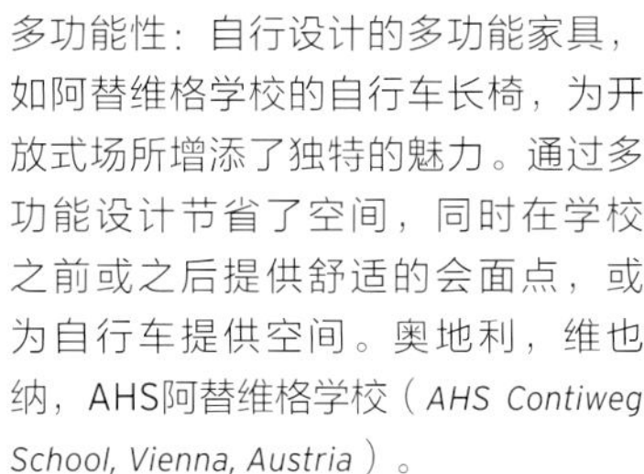

0385

多功能性：自行设计的多功能家具，如阿替维格学校的自行车长椅，为开放式场所增添了独特的魅力。通过多功能设计节省了空间，同时在学校之前或之后提供舒适的会面点，或为自行车提供空间。奥地利，维也纳，AHS阿替维格学校（*AHS Contiweg School, Vienna, Austria*）。

00386

仙境：在有远见的想法与付诸实现之间有很多步骤。那些位于因斯布鲁克奥多夫中心的“海曼德林”（一种典型的奥地利制干草方式）展示了区域性的不同。因斯布鲁克，奥运村入口（*Olympic village Centrum. Odorf, Innsbruck*）。

0387

用户的各种需求：从快乐的孩子到有需要的老人，各个年龄段对空间质量有不同的要求。无论在LKH格蒙登老年花园行走，还是在塞基兴社区健康中心设计的木制长椅上休息——一切都必须精心策划。上奥地利州，LKH格蒙登（*LKH Gmunden, Upper Austria*）。

0388

照明：别忘了照明。个性化的设计理念需要特殊的照明理念，就像林茨科技园一样。为了获得最个性化的效果，重要的是要创建一个最个性的灯具，这样可以增强设计并玩些线条的变化。奥地利，约翰尼斯·开普勒大学，林茨科技园；建筑：卡门建筑师事务所（*Science Park Linz, Johannes Kepler Universität, Austria. Architecture: Caramel Architekten*）。

0389

公共关系：除了实际的规划工作之外，公共关系也不容忽视。使公众知情，并通过对专业性的良好展示，确保未来的工作机会。在AHS阿替维格的建筑日或奥德堡公司的演讲中。

0390

色彩：克拉根福临床中心LKH手术区的庭院是由彩色玻璃鹅卵石和彩色抬高种植池构成。在医院区域，主要目标是减少维护和保持友好的特色。奥地利，克拉根福，克拉根福LKH（*LKH Klagenfurt, Klagenfurt, Austria*）。

Ioakim Loizas Architects Engineers

塞浦路斯

101 Michaelides Building
Tepeleniou 5
8010 Pafos, Cyprus
Tel.: +357 26 944 655
www.ioloarchitects.com

0391

使用当地资源和天然材料融入已经存在的山景中。更加精心设计的地板饰面和本地植物的使用，使这个高原成为一个舞台，从中享受地区的杰出自然美景。

0392

水元素为公园景观增添了动感，同时也成为一种听觉松弛剂。通过在系统中创建水流动的过程，建筑师开始讲述一个故事，而故事又引导着使用者。

0393
自然景观和人工景观和谐共处，创造出全新的可用建筑景观。道路、休息区和观赏区的引入遵循部分预定的路线，穿过植物生境、动物生境和地质景观。

0394
小型圆形剧场的引入及其在公园内广场的位置为这个地区的社会和文化活动提供了场所。当不使用时，座位区将成为每天在这里玩耍的儿童游戏的舞台。

0395
开放式公共空间有柔软和坚硬的地表，允许进行多种活动，而跨越公园的步行桥有着木板条地面饰面，低层的照明专门设计为动态表面，俯瞰下面公园的慢节奏活动。

0396 ➤
房间形状由其功能主导，但当结构形状是自然的并且不是由直线和光滑表面构成时，就取决于建筑师，由其从这些房间的功能和使用中提取出来。

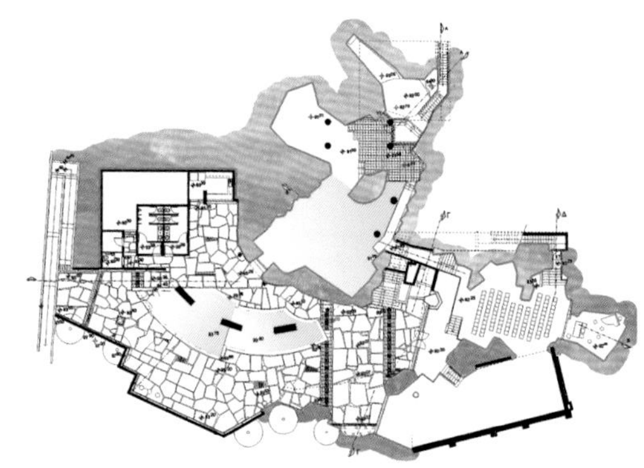

0397 ➤
通过利用地面的自然形态，并在一个更高的标高上增加一座桥梁，陆地本身变成了一座建筑物，而有选择地种植植物和大量水慢慢流过的瀑布，掩盖了结构并将它归还自然界。

0398 ➤
景观与自然风景交织在一起，是追求放松和娱乐的理想场所，它必须为使用者提供坐、休息、观赏、聆听、闻嗅的场所，并吸收建筑师和自然创造的其所在位置的特征。

0399

在游泳池这样的城市景观中，周围的空间和水都创造了供我们欣赏的空间。在这里，人体与材料的相互作用比其他任何景观都要多。因此，必须考虑饰面的质量、遮阴树的位置、瓦片纹理、固定方法、颜色、反射率和水平变化。

0400

高大丰富的植物构成框景并限定了视线，这些植物占据了天际线的主导地位，并形成了通向较大公园区域开放空间的大道。树木生长的垂直方向与桥梁本身固有的水平状态形成对比。

Irene Burkhardt
Landschafts Architekten

德国

Fritz-Reuter-Str. 1
D-81245 Munich, Germany
Tel.: +49 89 82 08 55 40
www.irene-burkhardt.de

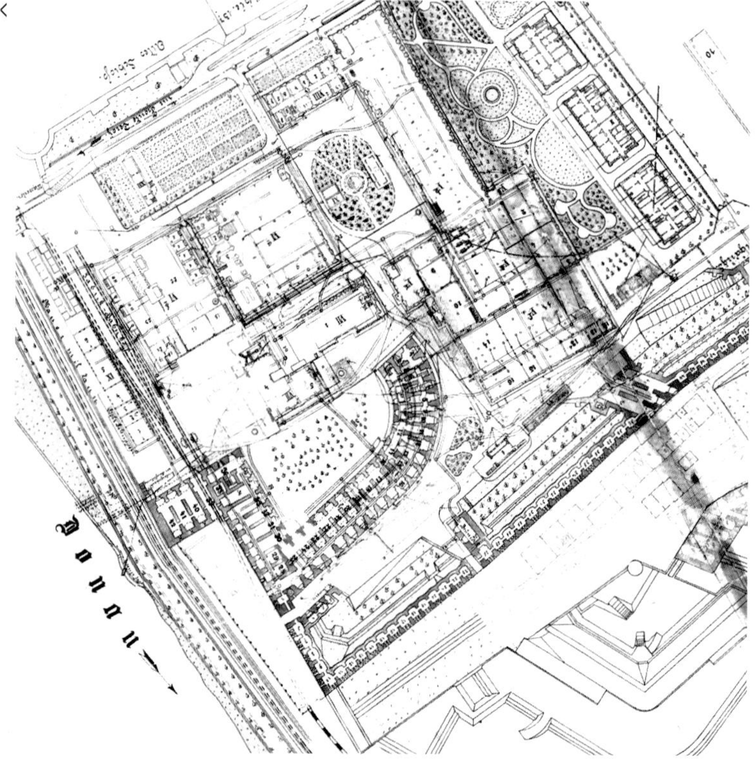

0401

某些东西曾存在于那里。每个场地都有过去和现在的背景。除了可见的和明显的背景，调查历史、名称和感知，并将这些内容加以考虑。在土方工程中，临时发现了过去土地使用的遗迹，在调查后再次掩盖起来是一种选择。相反，它们将提供一种全新的场地的场所感。因戈尔施塔特大学（*Ingolstadt Uni*）。

0402 ➤

某些东西正存在在那里。每个场地都与其周围环境进行沟通。利用远景和视觉联系使场地变得广阔，并编织入现有建筑物网络。借景。这个市中心发展项目的“广场”是对圣博尼法兹教堂现存前院的延伸。这样公众可进入的广场显得更大，并将新开发项目与城市联系在一起。慕尼黑，伦巴赫（*Lenbachgärten, Munich*）。

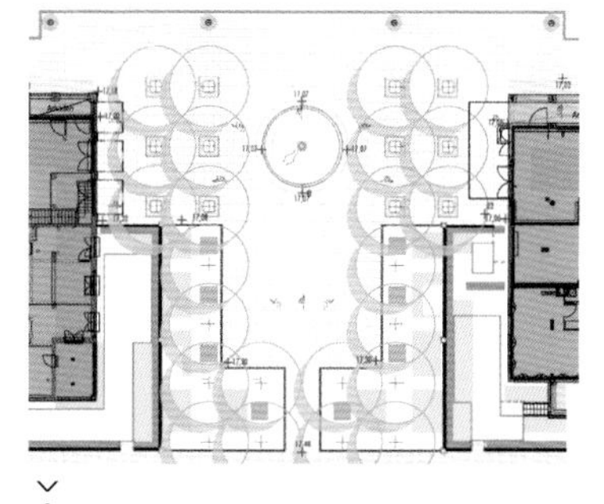

0403 ➤

沟通。了解客户的需求，提供和解释你的想法和知识。不管你的景观有多好，如果你的客户不接受它们，它们将无法存在。倾听和学习。对于四川一个项目的总体规划，我们同时需要了解当地的要求并采用欧洲最佳设计实践。没有广泛的客户联络，就不可能实现相互理解。中国，都江堰（*Dujiangyan, China*）。

0404 ➤

景观是风景。在我们的城市化环境中，如果仅是地形、植物和水，那么景观通常是最好的。慕尼黑市中心的伊萨尔河岸恢复了更加自然的状态。该设计仅应用了构建元素用于防洪。现在该场地主要由河流及其砾石岸和草地组成，没有其他设施或设备。

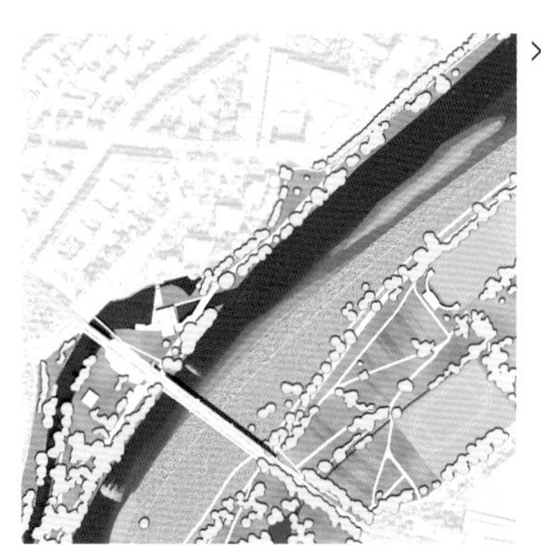

0405 ➤

保持简单。最后，城市和景观设计需要一个简单而有力的“骨干”，它能很好地传达公众和客户的想象力。这个项目将在10~15年内完成。总体规划提供了一种基于以前用作军事要塞和工业用地的模式。考虑到在未来其必要性和客户可能会发生变化，因此设计得很容易理解和调整。因戈尔施塔特大学（*Ingolstadt Uni*）。

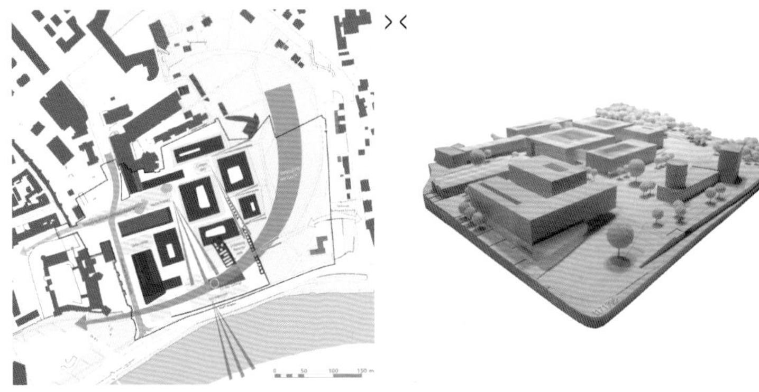

0406 ➤

不要保持简单。虽然简单在设计过程中是有帮助的，但结果不应该是显而易见的。景观应该是丰富多彩的，作为植物和野生动物的栖息地。使用乡土植物，不要害怕物种丰富的种植园。阿尔它博坦花园（*Alter Botanischer Garten*）。

0407 ➤

放大，缩小。要画一幅大图，你需要知道细节，反之亦然。一项实践在很大程度上得益于参与大规模规划和细节设计。从20世纪30年代开始重建委员会住房，目的是在保留绿地的同时替换建筑物。制定本季度总体规划时获得的知识为单个地块提供了大量的明智的解决方案。慕尼黑，迈克尔费西德隆（*Maikäfersiedlung, Munich*）。

0408

让它成长。景观一直在变化。有日景和夜景、夏景和冬景，有人做着预料之内的事情和也有人做着意料之外的事情。这笔建设费用需要在洪水和干旱时期都有效。在夏天游泳者挤满了岸边，在其他时候这里完全是安静的。所有的场景都必须在设计中进行处理。伊萨尔河（*Isar River*）。

0409

凡事都要做。参与从早期草图到最终交付的所有阶段极大地改善了结果。由于景观不是静态的，当涉及维护和调整时，可持续的结果使你可利用。在所有的阶段被使用后，我们能够继续和调整我们的设计意图，直到达到非常令人满意的建造结果。慕尼黑，小学（*Elementary school, Munich*）。

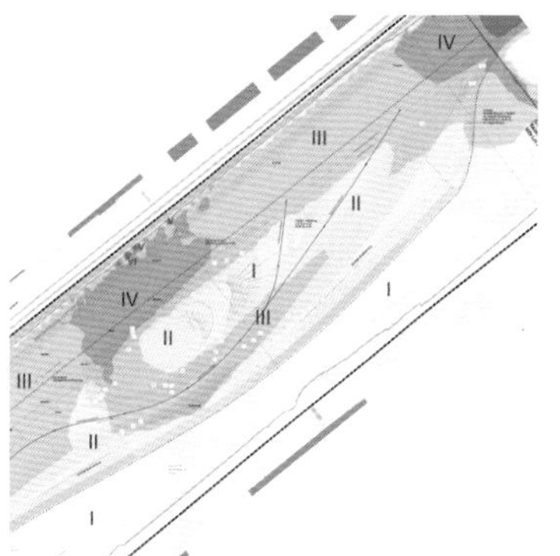

0410

合作。需要来自许多领域的顾问来创造风景。尽早调查和协调其他简要资料。水利工程师的投入对于河流景观的重新设计至关重要，因为河景需要处理大量的洪水和干旱相关问题。同时，未来景观的前景也推动了水利设施的发展。伊萨尔河，水力模型（*Hydraulic models, Isar River*）。

Isthmus landscape architecture
| urban design

新西兰

PO Box 90366
Auckland 1142, New Zealand
Tel.: +64 9 309 9442
www.isthmus.co.nz

0411

注：收集场地的记忆，激发和控制你的感觉确实告诉你的事情（和不要告诉你的事情）。

0412

解读：发展设计响应，揭示过去，增强感觉，并与土地建立新的关系。

0413

看：观察和理解场地的外观，倾听和感受该地方的品质。

0414

沟通：提供简洁、有目的、严谨的设计响应，得到利益相关者和决策者的支持。

0415

分析：探索文字、图纸、模型和图表，了解这个地方的本质以及如何通过设计表达这些特征。

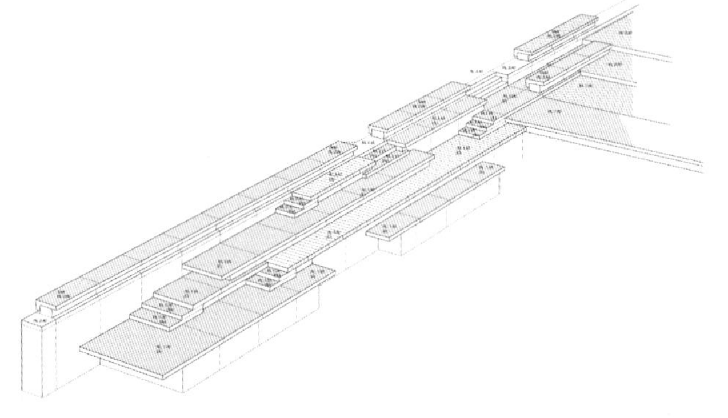

0416

文件：将设计质量转化为技术图纸和施工规范，确保施工人员理解设计意图。

0417

测试：评估多个想法，合并新想法，丢弃其他想法，并与工程师、建筑师、艺术家、生态学家、客户和社区合作完善设计。

0418

观察：通过文化和自然过程的相互作用，评估空间、元素、植物和材料随时间的变化情况。

0419

优化：开发设计，提炼材料、种植和元素的细节，以放大该场所的品质，创造持久、充满活力和可持续的效果。

0420

建筑：监督建筑作为设计过程的最后阶段，利用机会在现场展示建筑本身。

Janet Rosenberg + Associates

加拿大

148 Kenwood Avenue
Toronto ON M6C 2S3, Canadá
Tel.: +1 416 656 6665 x35
www.jrala.ca

0421

在设计城市滨水空间时，为人们提供尽可能接近水的机会是至关重要的。在我们的HTO的设计中，我们创造了一系列的标高，这些标高向下延伸到水中，让人们可以触摸它，从而与湖泊建立更大的联系，从另一个角度来看，则可以远距离地欣赏湖泊。

0422

场地的自然特征常常可以被创造性地重新解读。在设计沿着多伦多海滨的城市海滩HTO的案例中，我们的灵感来自沿岸的沙丘。这个公园的绿色护堤造型很有趣，而且是现代的城市沙丘，向安大略湖的原始海岸线致敬。

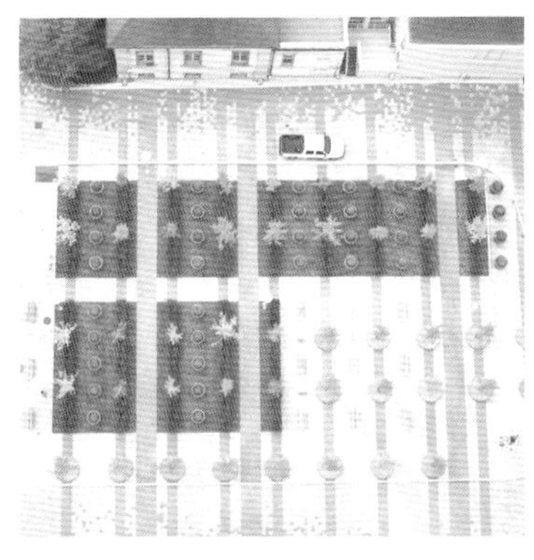

0423

我们从来没有对工作场地进行选择，因此必须创造性地将其融入周围的组成部分，无论是好的还是坏的部分。市政厅广场位于多伦多市中心，在现代公寓大楼和历史图书馆之间。我们使用分散的铺装模式，从一个建筑连续延伸到另一个，以帮助更好地将公园与相邻建筑物整合。

0424

强烈的几何图案是一种很好的方式，可以为空间做出陈述并赋予其特点。对于市政厅广场，我们使用了线性树篱、黄杨木球和一排大型花盆的组合，形成了从地面和空中都能看得很清晰的层次感。

0425

入口景观可以提供无数的功能，例如提供会议场所和直接通往建筑物的交通，就像我们在多伦多市中心的阿德莱德东街30号的庭院设计的情况一样。散落的立方体既是雕塑元素，也是人们坐下来享受午餐时光的好地方。不锈钢拱形结构直接将行人引导到建筑物中。

0426

使用现有植物材料通常更有利。在阿德莱德东街30号，我们想要保留两棵现有的银杏树，并围绕它们配置我们的设计。成年大树赋予了这片风景更多的存在感和个性，这两棵树坐落在一座高大的办公大楼旁边，如果我们用两棵新的、小得多的树来取代它们的话，那么存在感和个性就会消失。

0427 

景观建筑必须以崭新的方式拥抱历史。对于位于滑铁卢上城区的现代公园桶仓库公园，我们的灵感来自该地区的历史特色，即谷物酿酒厂和桶仓库的环境。我们使用观赏草来暗示谷物田地，并将大型工业文物作为艺术作品，向城市的工业遗产致敬。

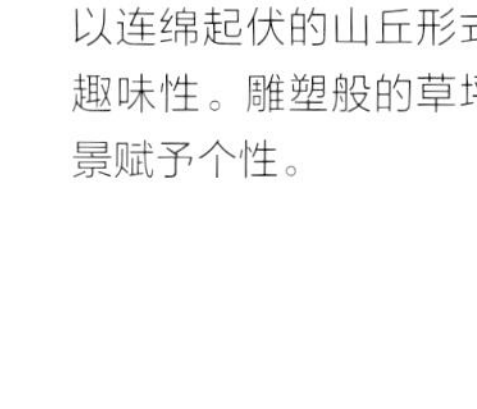

0428

使景观更具动感的低造价方法是塑造有趣的地形。桶仓库公园的地形平坦，因此我们创造了雕塑般的草坪，以连绵起伏的山丘形式增添了维度和趣味性。雕塑般的草坪也给普通的街景赋予个性。

0429

设计室内公园本质上是平衡美学与建筑限制的行为。我们这个公园的种植方案包括一系列数量有限的热带植物材料，这些植物材料符合空间的整体设计愿景，而且能很好地应对建筑环境的挑战，如低照度、低湿度以及最低限度的维护。卡尔加里，泥盆纪花园（*Devonian Gardens, Calgary*）。

0430

在专门为儿童设计公园时，为什么不通过他们的眼睛想象呢？这就是我们为富兰克林儿童花园所做的，这是一个旨在教孩子们了解自然系统的公园。公园内的几个元素，如这种异想天开的水景，让孩子们亲身体验大自然。在这种情况下，孩子就像植物一样被洒水。

JML Consultants

西班牙

Eusebi Guëll, 12-13
08034 Barcelona, Spain
Tel.: +34 93 280 53 74
www.jmlwaterfeaturedesign.com

0431

相信公众的创造力。覆盖广场的薄薄水层具有多种功能：涉水、骑自行车、滑板等。

0432

创造迷人的水景艺术要经过观察。这个项目再现了威尼斯圣马可广场著名的自然洪水。

0433

水的形状可以用作建筑元素。它具有强大的催眠力，可以成为整个城市景观的一部分。

0434

台阶改造为凉爽的地方，就像在台阶上插入水流，让水自台阶上流下来一样简单……

0435

孩子们可以玩水并与喷泉互动，成为城市的绿洲。水景是一个聚集的地方，一种社区体验。简单的设计有时是获得最佳效果的最优方式。

0436

该项目重新使用位于加龙河河岸下的旧仓库。它已被改造，现在拥有的机械系统，允许在广场上生产2700m²的人工洪水。

0437

考虑情绪。

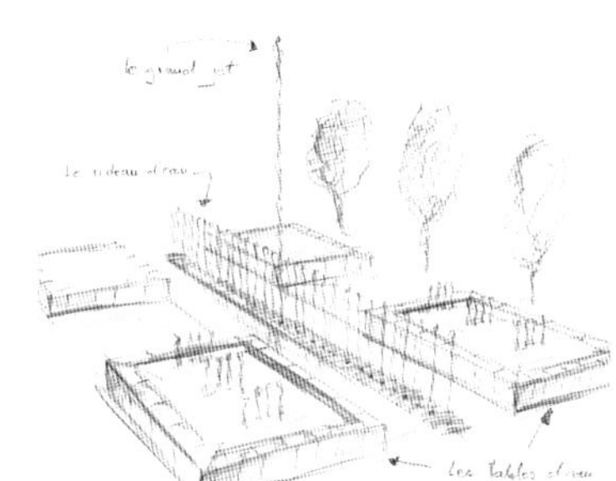

0438

水具有强大的变形能力：在我们的项目中，我们尝试使用水的所有不同方面。现代技术使我们能够改变它的状态，人为地再现压力或温度的差异，使之变成固体或蒸汽。

0439

周围的建筑环境是项目的一部分。喷向高空的急流挑战着高耸的塔楼。这两个垂直的信号在数英里（注：1英里≈1.6km）之外是可见的……

0440

注意细部：水有能力揭示好的细部质量，相反，也可揭示建筑的疏漏……在设计中使用水是有挑战性的——照顾细部，必须是完美的以达到最佳效果。

Johansson Landskab

丹麦

Shetlandsgade 3, 3
2300 Copenhague S, Dinamarca
Tel.: +45 26 88 77 30
www.johanssonlandskab.dk

0441

创造愉快的地方。我试图重建记忆中我童年时永恒夏天的感觉。

0442

使用你生活中的经验。童年是创造力的源泉。森林是我的游乐场。

0443
它有助于树立一个概念。这里的概念是一个微型景观——森林、河流、平原和山区。

0444
在整个设计过程中接受新想法。我从一个意图或一个概念开始，但在设计过程中，随着项目变得更加切实，概念可以转变。

0445
首先考虑用户的需求。作为景观设计师，我们如何帮助他们享受生活和自由？

0447 ▼
使用场地上可用的东西。这棵巨大的日本樱花树原来生长在房子建造的地方。它被移动并变成了巨魔。

0446 ▲
在工作中玩得开心。“设计过程”不是我自己的说法。我觉得它更像是我在为我的洋娃娃建造房屋和风景时所做的事情。

0448

拯救古树。让所有人都清楚现有树木的重要性，并确保古树在建设期间受到保护。

0449

在每个项目中做一些独特的事情。即使在小项目中，预算很少，也应该有一些对场地特别的东西。

0450

让花园改变。花园是一个梦想。其最重要的元素是不稳定的。声音、气味和阴影。太阳和雨水。其间的昆虫和其间的人……

Jos van de Lindeloof/Tuin-En Landschaps Architectenbureau

荷兰

Postbus 1096, 2600 BB, Delft
Martinus Nijhofflaan 2
2624 ES, Delft, The Netherlands
Tel.: +31 15 213 34 44
www.josvandelindeloof.nl

0451
大自然不仅是合作伙伴，也是设计方法。

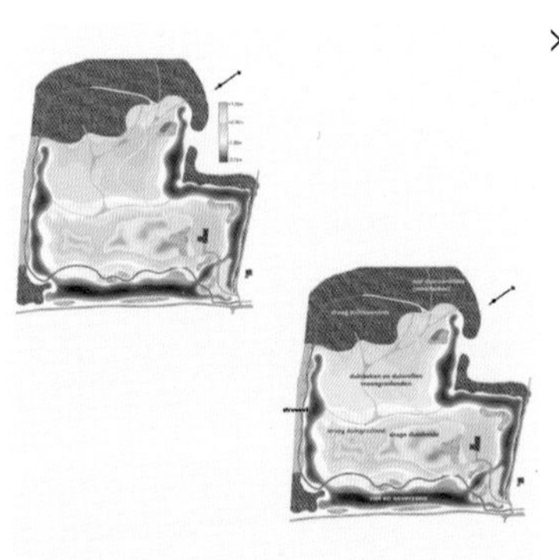

0452
即使是小规模的结构也定义了空间。

0453
景观与设计是相辅相成的。

0454
对比产生张力。

0455
元素可以在花园体验中起引导作用。

0456
多姿多彩的荷兰风景是灵感的源泉。

0457
可以以许多不同的方式使用水。

0459
艺术增添了实用价值。

0458
植被组成与季节体验的关系。

0460
设计是面向用户的。

Karres en Brands landschaps Architecten

荷兰

Oude Amersfoortseweg 123
1212 AA Hilversum, Países Bajos
Tel.: +31 35 642 29 62
www.karresenbrands.nl

0461

总是测试你的设计并重新设计。

0462

在设计时，不要只考虑三维。还要考虑视角，考虑材料，考虑光线如何以不同的角度落下。想想它给人感受，思考触觉，思考气味，想想它的声音。考虑你的设计在夜间、在雨中和在20年后的老化效果。

0463

创造人们可以自由地表达自己文化的环境。

0464

总是在你的设计中留下一些甚至你自己也不理解的东西。

0465

设计不会停留在地面上。天空永远是你项目的一部分。

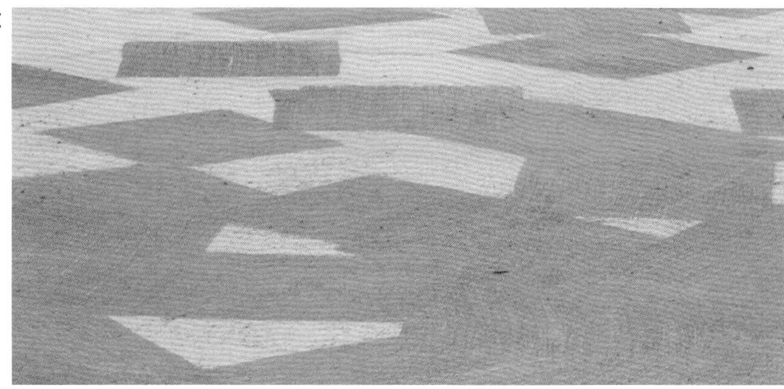

0466

为意外创造空间。一些最强大的设计是偶然出现的。

0468

关注公共和私人之间的边缘区域。

0467

保持幻想并设计你的梦想。也许有一天你会意识到它们。

0469

在设计时体验您从未想过的意想不到的美丽。

0470

你的设计是一个启发自己的好地方吗?

KLA Kamphans Landscape Architecture

德国

Eichendorffstrasse 35
71735 Eberdingen, Germany
Tel.: +49 7042 870 228
www.kamphans.com

0471 ➤
这张海滨开发的传统透视图提供了整体的效果。绘制方面的深度是平衡的，以避免过度细化。

0472 ➤
优雅是通过最小的材料变化和保持图案尽可能简单来实现。

0473 ▲
沙特阿拉伯新阿卜杜拉经济城入口提案的现代视角。

◄ 0474
使用当地的和天然的材料。该桥是由一块单一的大石头（5m × 2m）构成。栏杆由木材与绳索相结合组成。完整的布局很适合周围的场景。

0476

在这个住宅花园中，需在将尖锐形状的游泳池布置在当前位置之前就考虑所有现存建筑、棕榈树和乔木之间的平衡。

0475

该图展示了利雅得技术谷指挥中心的布局。步道、车辆通道和绿色区域的安排必须符合周围的公共交通状况和内部找路的要求。

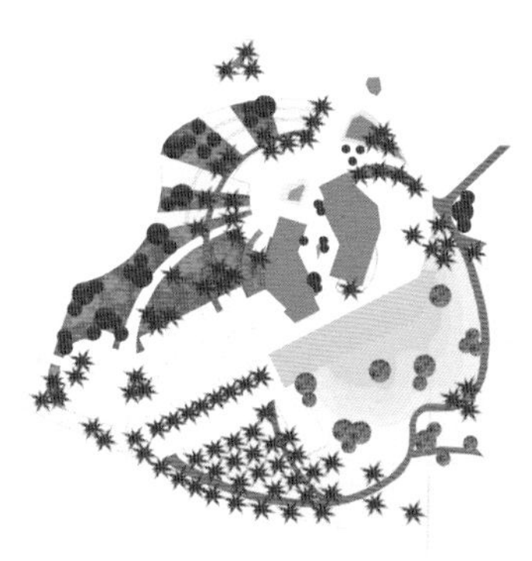

0477

波斯湾的水塔岛。棕榈和灯具冒险延伸入大海。该方法使陆地与海洋之间的边界消失。

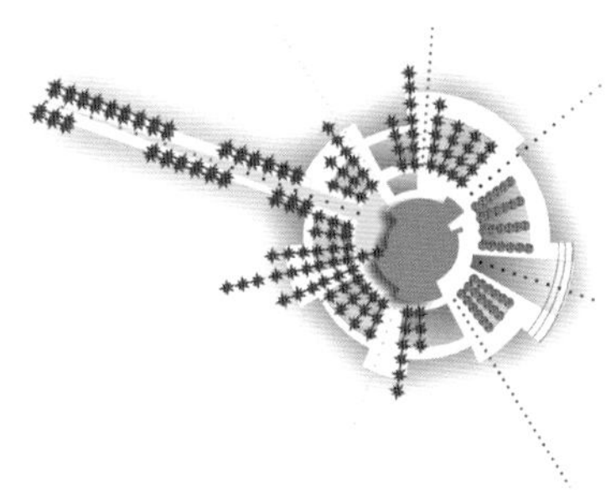

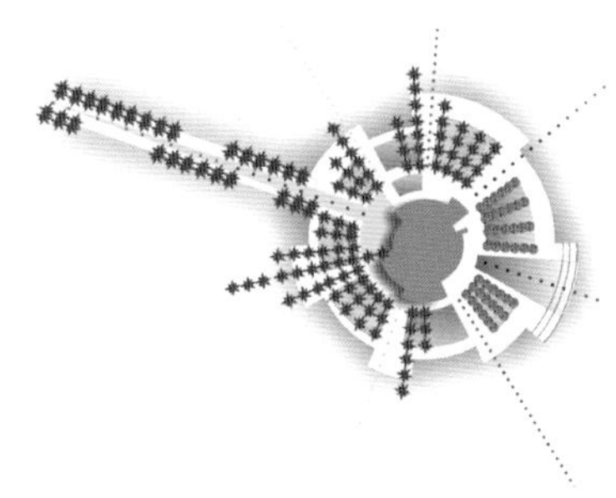

0478

国际能源论坛种植园保持低水平的“地毯般的”风格。这座建筑似乎漂浮在这张地毯上，尤其是在夜晚。

0479

使用当地的石头可以进行无限的设置和组合。新的安排很容易在花园和公园中增添一丝“艺术”气息。树木旁边的大石头或巨石是景观设计中最强大的关键元素。

0480

景观设计师的主要领域是创造夜景！尤其是欧洲和中东南部温暖地区的公共空间主要是在日落和夜间被使用。

Lafon + Associés

法国

29, rue Saint Melaine
35000 Rennes, France
Tel.: +33 6 75 67 92 47
www.pierlafon.net

0481

在人工湖的岸边。古阿摩里卡地块：片岩露出被侵蚀的土壤。湖面时而覆盖、时而显露出破碎和分解的巨大岩石。我们走过这些岩石，给它们起了名字。堤坝是这些“个体”之一。布列塔尼格莱丹，格莱丹湖，人行堤坝，与艺术家广田康夫合作（*Pedestrian dike, Lac de Guerlédan, Guerlédan, Brittany. With the collaboration of artist Hiromi Kashiwagi*）。

0482

圣米歇尔山湾的潮汐范围很大，该地区是一个独特的群落生境。大海沉积着一层细黏土，逐渐变成柔软的石板。受风形成了沙丘和沼泽。在这里，我们收集了用来养殖蚌类的、已经松散了的木桩碎片，其中已经生长了不同种类的草。昂热，乐曲剧院，莱克斯装置，与艺术家广田康夫合作。

0483

这是一个被北大西洋风吹袭的海岸空间。高尔夫球场的特色是模仿早期苏格兰高尔夫球场的“未设计”自然形态。会所隐藏在地形的褶皱中。多层板积材结构外有透明的幕墙表皮延伸下来用石材压在低处，干涸花园靠天照顾。布列塔尼地区，朗西厄，盖亚高尔夫俱乐部，与艺术家广田康夫合作。

0484

令人惊讶的是农民如何利用旧的电线杆并将它们变成拖拉机通行的桥梁！两个电线杆就足够拖拉机开过了。该设计包括2个预应力混凝土柱，它们的下侧被塑形和抛光，以向行人方向反射来自河流的部分光线。多尔多涅省，埃克斯西德伊，路易河上的人行桥（*Footbridge over Loue river, Excideuil, Dordogne*）。

0485

虽然孩子和动物有时会找到办法进入，但是这个地方并没有通道。中国，宁波，秘密花园和花园俱乐部，房地产中介机构：汤仕玛。与艺术家广田康夫合作（*Secret garden and garden club, Ningbo, China. Real estate agency: Trans-Immo. With the collaboration of artist Hiromi Kashiwagi*）。

0486 ➤

下雨了。双重交通圈是真空发生器。中央区域容纳水坑，而周边区域留下过往车辆如同书法印记的车辙。布列塔尼地区，圣布里厄镇入口（*Access to the town of Saint Brieuc, Brittany*）。

0487

那天下雪了。我们最担心的是维莱讷河泛滥的时候。考虑到结构设计的方式，人行道的各部分在河中出现并消失。布列塔尼地区，勒东防洪堤和码头/走道（*Anti-flood dike and quay/ walkway at Redon, Brittany*）。

0488 

从地下停车库到酒店的露台，有一系列无尽的走道，每个走道都是独立的空间，碰撞、并列。中国，宁波，天空普罗莫纳德酒店（*Sky Promenade Hotel, Ningbo, China.*）。

0489

石涛的画向我们展示了“简单的笔触”；景观的形式，其中的山丘、洼地和山脉是关于我们旅行的方式。这里和那里都栖有一棵小树，山丘为我们提供了保护。中国，宁波，酒店接待处小山，房地产中介机构：汤仕玛，与艺术家广田康夫合作（*Hotel reception hills, Ningbo, China. Real estate agency: Trans-Immo. With the collaboration of artist Hiromi Kashiwagi*）。

0490

这是在不同标高的两个房子。游泳池是一条捷径：你可以从主楼的地面游到花园洋房的一层。名叫普佩特的狗不需要游泳过去，它可以在装好的不锈钢容器的2cm边缘上跑。在花园洋房的中央有一个赤褐色楼梯。布列塔尼地区，圣布里亚克，贝纳雷蒂住宅。与艺术家广田康夫合作（*Benadretti House, Saint-Briac, Brittany. With the collaboration of artist Hiromi Kashiwagi*）。

Land
By Sandra Aguilar

阿根廷

Las Acacias, 54
CP 5701 Potrero de Los Funes
San Luis, Argentina
Tel.: +54 9 2652 709160
sandrajaguilar.blogspot.com

0491

用受高地景观中的本土物种所启发的设计逻辑来创造玩具，将美学、功能和多样性联系在一起，并为新的休闲空间提供独特的特征。豆形灯盏（*Luminarias Chauchas*）。

0492

实施最小的干预措施来使场所区别于其他，将建筑改造成景观。木材纹理，与帕特丽夏·珀克曼合作（*Textures of wood, in collaboration with Patricia Perkman*）。

0493

该设计为农村地区的里程碑，受到该地区种植的龙舌兰类植物和谷类植物的启发，将其转变为艺术品。它在"玻璃化"作品中的呈现是动态和多方面，受到变化和环境的影响。爱斯基亚斯大教堂（*Espigas de Estancia Grande*）。

0494

通过将艺术融入可持续发展领域，通过土工布技术和使用各种植物，促进生态链的连续性，重新生成自然景观。绿色面料（*Tejidos Verdes*）。

0495

用彩色点景的圆圈来改造线性景观的面貌，用药用植物种植池和独特的石头围栏标记路径。罗若斯（*Círculos Rojos*）。

0496

设计采用日常的街道家具，它们既是一个物体也创造一个空间、一个聚会的地方，去感受发生的活动和趣事以丰富这个地方的建筑。橄榄座位（*Asiento Aceituna*）。

0498

通过协调来自地貌的运动、方向、纹理和信号来设计第二自然。并将这个新的建筑转换成可以作为观察平台的空间。皱褶地形图（*Pliegues Topográficos*）。

0497

培养观察能力，抓住机遇，提高对大面积尺度的感知，实施灵活、有保留和有启发性的方案。人工堆积物（*Taludes artificiales*）。

0499

解读该遗址的特征（古地理生物工程），以创造一个人工化的遗产，使之成为这个遗产景观的一部分。

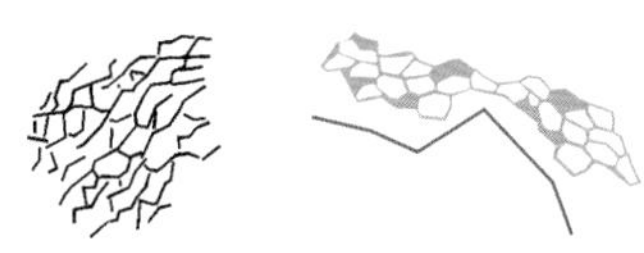

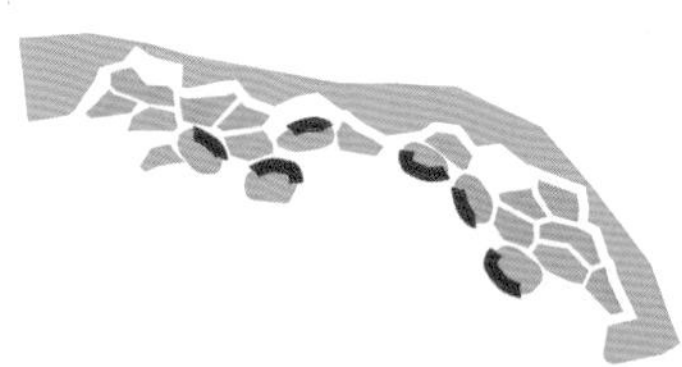

0500

在受保护的地区进行干预时应采用灵活而精确的策略，并在介于自然干预和人工干预之间以可持续的方式恢复退化区域。巴乔德维利兹省立公园（*Bajo de Veliz Provincial Park*）。

LAND-I archicolture

意大利

Via Madonna dei Monti, 50
00184 Rome, Italy
Tel: +39 06 474 6782
www.archicolture.com

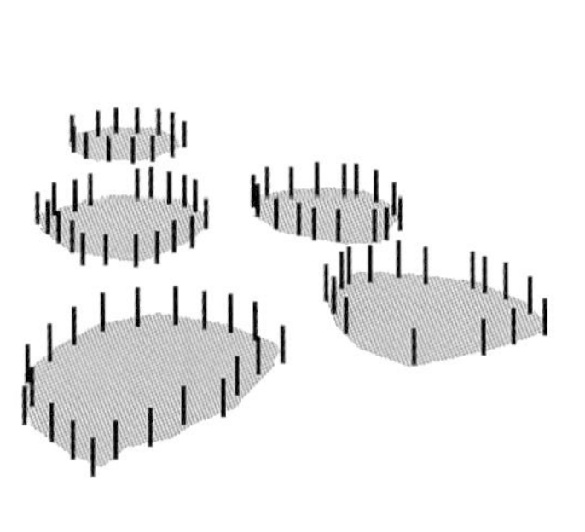

0501

向前迈出第一步，重新建立地方/历史/社区之间的关系，重新建立历史图像的即时性。意大利，科洛尼亚迪瑞素，为“景观课程，插入”进行的“风景不是游戏”项目（*“Il paesaggio non è un gioco” for the “lezioni di paesaggio, plug_in”, Colonia di Renesso, Italy*）。

0502

要承认你将要实施设计的场地不是空白的，事实上，场地永远都不会是新的，它总是隐藏着先前状态的痕迹，那些有待发现的想法创造了重新开始的机会。英国，威斯顿伯特植物园，为西伯利亚花园节的国际竞赛设计，“大都市”（*“Metropolis”, for the Westonbirt festival of gardens, international competition, Westonbirt arboretum, UK*）。

0504

尊重场地的场所精神，作为设计师向后退一步，不要改变环境，而是让你的作品作为实验工作装置“降落”在景观上。萨宾娜的托里，私人公园景观设计，在建项目伊莎贝娜瑜伽中心（*Ongoing In Sabina Yoga Centre, private park landscape design, Torri in Sabina*）。

0503

尝试新的方式来构思和表现景观，引导设计者与最终使用和体验空间的人进行不同互动，并采用不同的设计方法。为卢瓦尔河畔查蒙特的贾德斯国际竞赛设计，“薄荷的记忆”（*"Mente la-menta", for the Festival des Jardins international competition in Chaumont-sur-Loire*）。

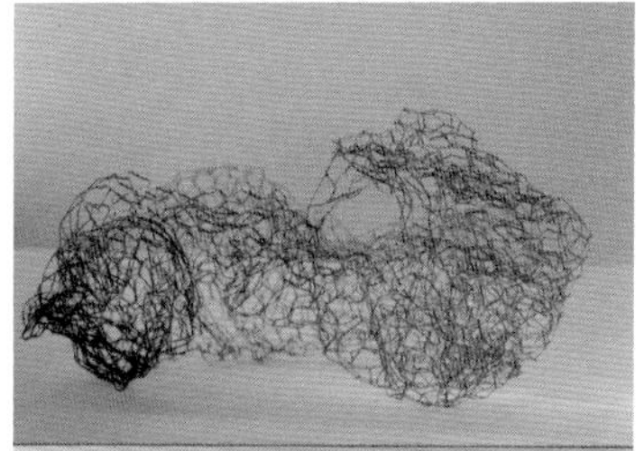

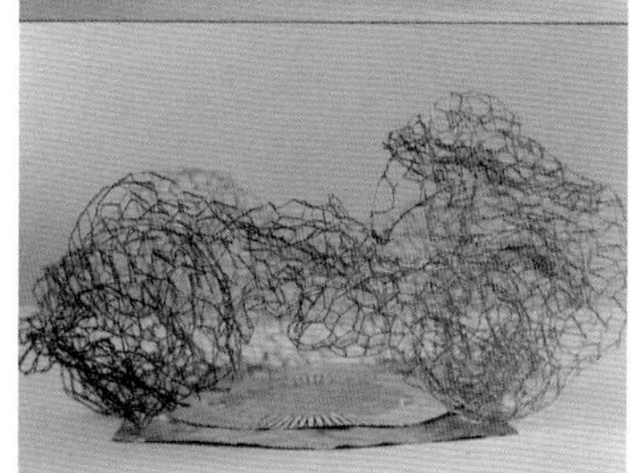

0505

运用矿物和生物元素，不仅要解决美感的问题，还要谈及更具概念性的层面。为卢瓦尔河畔查蒙特的贾德斯国际竞赛设计，“薄荷的记忆”（*"Mente la-menta", for the Festival des Jardins international competition in Chaumont-sur-Loire*）。

0506

设想你的设计是一种即时的感知统一，并且具有多层次的阅读能力。推动人们走过、发现、互动。这样的空间需要在室外体验，而且，不受观景点或透视的限制，所以鼓励自由和个人体验。魁北克，雷福德花园国际竞赛，贾德斯国际花园节，“奥姆布雷”。

0507

追求形式和色彩的纯净，以获得自由和即时的感知，以这个装置为由头，邀请人们进入一个与他们积极互动的空间。葡萄牙，国际竞赛，蓬蒂利马国际花园节，“橙色力量”（*“Orange power” for the Ponte de Lima Garden Festival, international competition, Portugal*）。

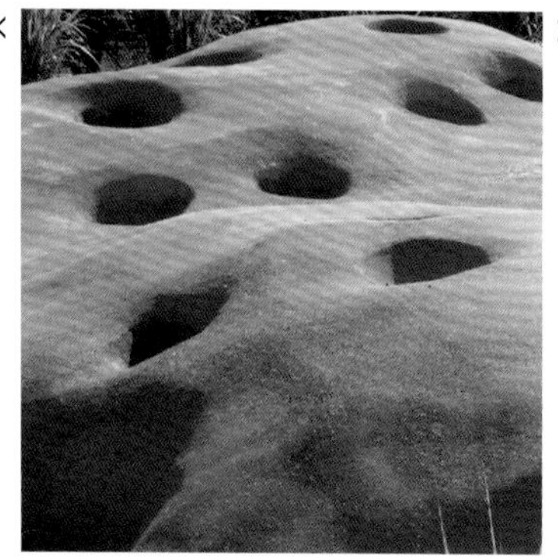

0508

利用传统上用于定义和测量空间的尺度元素来否定预期，并挑战访问者使其重新定义自己的参考点。美国，加利福尼亚，索诺马山谷，为基石花园节，“一箭之遥”（*“Stone's throw”, for the Cornerstone Garden festival, Sonoma Valley, California, USA*）。

 0509

通过减去或移位大地泥土的过程来影响大地，可以是以“负”的形式来挖掘或切割，或以“正”的形式来累积和塑造。此类工作的结果将是“空间的艺术表演”而不是“空间中的对象”。意大利，为卢卡的艺术节设计，“痕迹”（*"Tracce", for the Festival di Arte Topiaria in Lucca, Italy*）。

0510

对于当今建设更丰富的城市环境的答案不在于奢华的概念，而在于独特的内涵，去关注更具包容性、更复杂的公共空间，即视觉、空间和社会层面上更丰富的空间。柏林，国际竞赛，“都市模块”（*"Urban modules" for Temporaere Gaerten, international competition, Berlin*）。

Landlab

荷兰

Ámsterdamseweg 21
6814 GA Arnhem, The Netherlands
Tel.: +31 26 442 66 50
www.landlab.nl

0511
创造空间，创造风景。阿姆斯特丹，富芬公园（*Funen park, Amsterdam*）。

0512
玩透视。阿姆斯特丹，郊外公园（*Overhoeks park, Amsterdam*）。

0513
使用一个主题。温特斯韦克，乌得勒支和私人花园，橙色背景（*Oranje Fonds, Utrecht and private garden, Winterswijk*）。

0514
在建筑与景观之间建立联系。阿姆斯特丹，EYE电影公司（*Film instituut EYE, Amsterdam*）。

0515
从历史中获取灵感。沃登贝赫，奥斯特里茨金字塔（*Pyramide van Austerlitz, Woudenberg*）。

◀ 0516

将绿色带回舞台。代芬特尔，古埃克斯帕克（*Gooikers park, Deventer*）。

0517 ▶

让用户有宾至如归的感觉。阿姆斯特丹，萨凡纳艺术（*Savanna Artis, Amsterdam*）。

◀ 0518

细节是设计的灵魂。古埃克斯帕克的庭院；代芬特尔和奥斯特里茨金字塔；沃登伯格（*Court in Gooikers park, Deventer and Pyramide van Austerlitz, Woudenberg*）。

0519 ➤
利用时间和季节。阿纳姆，威廉广场（*Willemsplein, Arnhem*）。

0520 ➤
种植大树！赫龙洛，办公室花园；阿姆斯特丹，奥霍克公园；埃德，达库廷多功能活动厅（*Office Garden, Groenlo; Overhoeks Park, Amsterdam; Daktuin Zuiderkroon, Ede*）。

Landschafts Architektur

奥地利

Di Gerhard Rennhofer
Niederhofstraβe 10-12/5/18
A1120 Vienna, Austria
Tel.: +43 892 84 90
www.landschaftsarchitekt.at

0521

历史：每个地方都有它的历史。发现历史并以创造性的方式做出反应是实现新目标和现有结构设计的可靠解决方案。通过这一切，新事物成为历史中不言而喻的一部分。

0522

可能性：效用和功能概念应该为未来的需求留出空间。并非每个区域和每个空间都必须填充被定义的内容。这允许结合未来的需求，但目前对于未来的需求和愿望还是未知的。

0523

减少必需品：平面草图应该精练到特定的程度，到此程度后再任何进一步删减都会消弱想法或内容。目标是得到包含所有必需品质的精炼的结果。

0524

客户：规划必须牢记客户、用户和公众的利益。只有将场所精神与使用需求及组成联系起来才可以产生持久的、运行良好的效果。从长远来看，这不仅是对于客户来说的重要组成部分，对场地的生态质量来说也是。

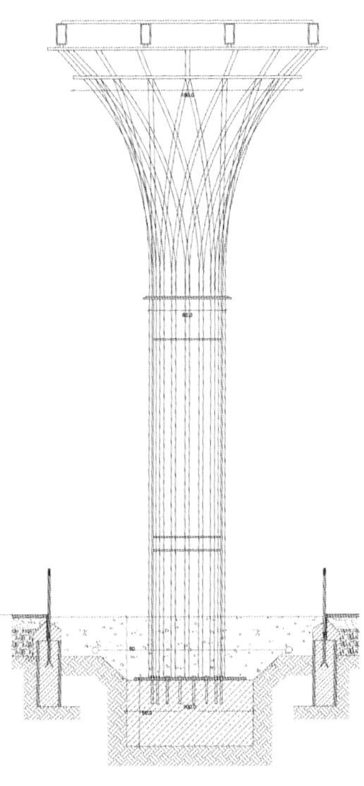

0525

概念和细节：一个令人信服的规划，无论是内容还是构图，都会产生统一、紧凑的整体。必须避免巧合。在规划过程中，功能和组成得到进一步发展。但重要的是从整体到细节不断编辑。

0526

技术：技术解决方案和材料应具有老化能力。要达到计划的状态需要数年的时间。材料和技术解决方案必须具有因年久而产生年代感的能力。

0527

情感：愉快或兴奋的情绪通过肯定积极的期望或通过面对熟悉的新事物和令人兴奋的事物来形成。

0528

情绪：在设计开放空间时，发展不同的情绪至关重要。开放的绿色空间提供了创造与白天或季节变化相关的不同印象的机会。这只能在开放空间进行。

0529

绿锈：材料构成了每个开放空间的功能结构。随着时间的推移，它们会产生具有年代感的绿锈。因此，材料必须满足开放空间的要求，并以积极的方式支持老化过程。

0530

植物的动态：植物是动态的。接下来要考虑关于季节性和终生变化的问题，必须考虑持续维护绿色空间的问题。只有保持良好的绿化空间才能达到设计的目的。

Landskap Resign

挪威

Formannsvei 50B
5035 Bergen, Norway
Tel.: +47 55 56 33 15
www.landskapdesign.no

0531

景观灵感：周围景观对设计方案有直接影响。毗邻内城的山形具有鲜明而独特的形态。花岗岩墙的倾斜是对这些形式的解读。卑尔根节日广场（*Bergen Festival Plaza*）。

0532

石头的多种表面：在这个项目中，我想展示石头的许多种不同反光。虽然只使用两种类型的石头，但我使用7种不同的表面——糙面、菠萝面、细菠萝面、火烧面、锯面、亚光面和抛光面。当石头在湿或干时变化也很大。奥尔公牛广场（*Ole Bulls Square*）。

0533

交通分隔：目的是创造一个安静的区域，与广场中心的繁忙交通区明显分隔开。通过沿着车道排列一系列巨大的花岗岩，我们成功地为行人建造了一个避风港。在毗邻的瓦埃勒交通中心，我们使用了另一种花岗岩形式。诺瑞广场（*Nørre Square*）。

© Arne Sælen

0534

交通分流：创建一种有逻辑的、主导的形式来引导交通从街道的一边到另一边，在保持特定设计的同时，我们用黑色花岗岩制作了竖向的造型，石材侧面采用抛光面朝向迎面而来的交通，因此前灯的反射清晰可见。斯维尔广场（*Sverres square*）。

© Arne Sælen

0535

接缝的质量：艺术家卡里·亚森和伊利·维姆制作了1500件陶瓷装饰品，以填补接缝。因此，标准的灰色中国花岗岩变得更加有趣，并且铺装的质量提高了。斯特兰德（*The Strand*）。

© Arne Sælen

0536 ➤

优先考虑行人：通常行人必须穿过环形交叉路口附近的街道。我想让他们优先在环形交叉路口中间穿过。剧院的主要入口：一个带汀步石的水池，每边都有一个雕塑；一个由玻璃隔开的巨大花岗岩块及一个带喷头的钢制斜坡。瓦埃勒剧院广场（*Vejle Theater Square*）。

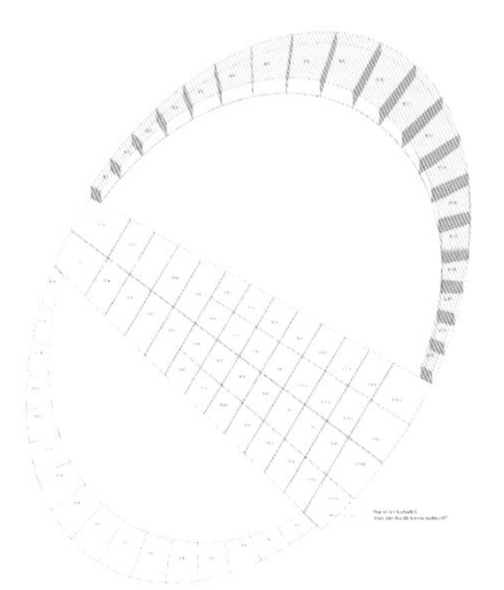

© Arne Sælen

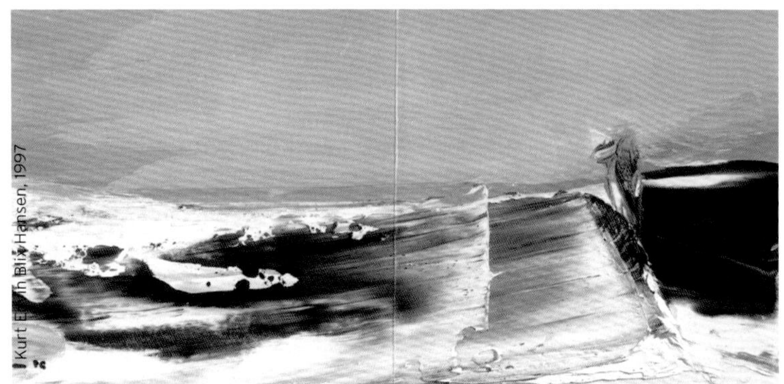

© Kurt Edvin Blix Hansen, 1997

© Arne Sælen

0537 ➤

灵感来自一幅画：该作品由来自斯匹茨卑尔根岛的画家库尔特·爱德华·布利克斯汉森创作，为极地的秋天色彩。我使用了6种不同类型、来自5个不同的国家的石材，共有45种不同的形状。广场被划分成与轴线相连的模块系统。瓦埃勒交通中心（*Vejle Traffic Center*）。

0538

灵感来自新艺术运动风格：当地索道的入口建于1907年。两侧的柱子都清晰地定义了新艺术运动时期风格的装饰。在设计入口建筑物的上侧墙壁时，我使用这些作为墙面花岗岩及人行道侧面元素的装饰灵感。维特里德卡门（*Vetrlid Common*）。

© Arne Sælen

© Arne Sælen

0539

受中世纪建筑的启发：瓦埃勒市中心的这条狭窄的街道设计很简单。排水沟位于街道的中间。排水沟是一条7cm宽的抛光带，从主步行区一直延伸到河边。中央花岗岩元素是朝着排水口倾斜的表面产生的。维斯街（*Vissing Street*）。

© Arne Sælen

0540

灵感来自自然：在该地区两个主要的小村庄之间有一个巨大的湖泊。在对岸，一片坚硬的片麻岩壁比地面高出500多米。这个巨大的墙壁上的图案一直是广场设计的灵感来源。我使用两种本地石头进行模拟。奥达尔市政厅广场（*Town Hall Square Årdal*）。

Lodewijk Baljon/ Landscape Achitects

荷兰

Postbus 1068
1000 BB Amsterdam, The Netherlands
Tel.: +31 20 625 88 35
www.baljon.nl

0541 ➤

评论：设计可以讲述一个故事，可以是一个轶事和也可以是对景观设计原则的反思。我们对卢瓦尔河畔查蒙特节的贡献是关于园艺的本质。一个超大面积的、色彩鲜艳的锄头森林，可以避免杂草生长有利于栽培植物：塑料天竺葵作为宝石镶嵌在钻石形状的镜子中。

© Lodewijk Baljonlandscape Architects

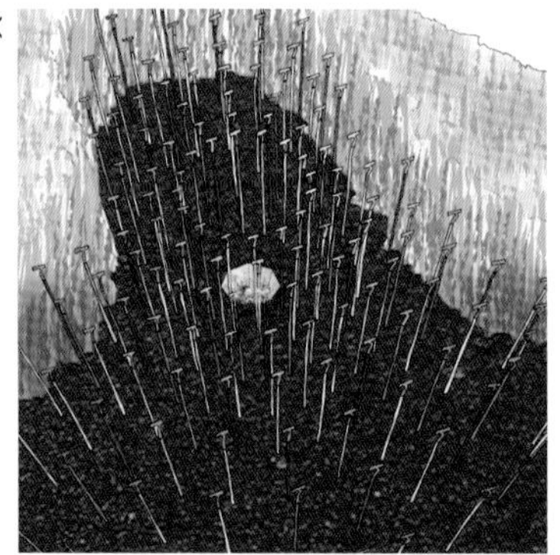

0542

优雅：精湛的工艺旨在设计看起来“做得好”的东西。它需要体现趣味、丰富或优雅。装饰在有着强烈结构但是优雅的设计中起着不可替代的作用。荷兰，阿登豪特花园（*Garden Aerdenhout, The Netherlands*）。

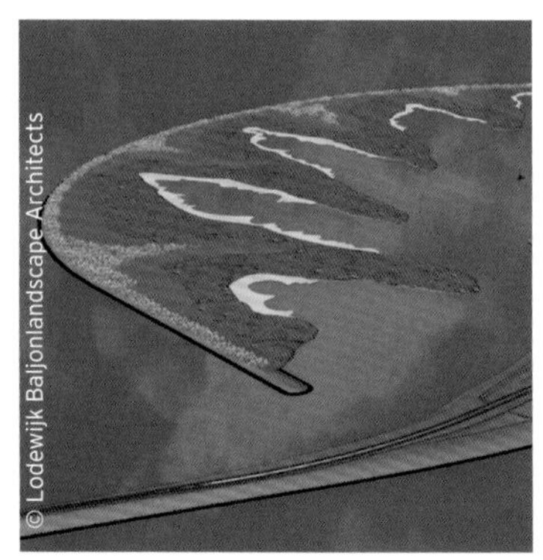

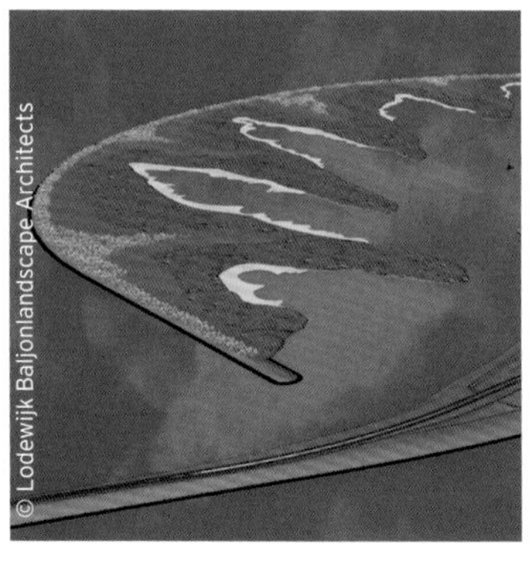

© Lodewijk Baljonlandscape Architects

0543

对比：风景是人造的。如果我们用技术的独创性来设计它，我们就可以创造出精致的美感：几何形状、表达结构和功能，通过自然发展的松弛的植被而得到强化。这种人造和生长的对比、僵硬和松弛，可以通过多种方式发挥作用。荷兰，恩克赫伊曾，纳达克（*Naviduct, Enkhuizen, The Netherlands*）。

© Lodewijk Baljonlandscape Architects

0544

背景：平面应该在适当的地点和时间内固定下来。以阿珀尔多恩的车站广场为例，沙和松树表现了周围景观的特点，给人以鲜明的个性。100多万个LED的玻璃墙营造出运动和吹沙的感觉，既表现景观（沙）又表现功能活动（旅行）。

0545

传统与创新：工艺与传统和发明有关。在这个阴暗的庭院里，著名的“果园”元素通过利用苹果树和扭曲的视角进行改造。一层粗糙的黄色砾石为这座历史悠久的城市的房屋带来光线，并最大限度地减少了维护工作。波浪起伏的竹子种植带创造了常绿的背景。荷兰，阿姆斯特丹，雷克斯庭院花园（*Rex Court Garden, Amsterdam, The Netherlands*）。

0546

灵感：艺术感是我们职业的支柱之一。它当然崇尚文科，也使我们意识到意想不到的美。就像溜冰鞋在冰封的湖面上留下的这些线条：优雅，仅是偶然创造出来的诗意。

© Lodewijk Baljonlandscape Architects

0547

松散配合：不要在功能和形式之间建立紧密的关系。空间应该服务于多个目的。这个倒影池是池塘的替代品，其中有一个容易掉入垃圾的喷泉，当冬天水排空时，它就成为轮滑的舞台。荷兰，阿珀尔多伦，车站广场，地下水位（*Water table, Station square, Apeldoorn, The Netherlands*）。

© Lodewijk Baljonlandscape Architects, Rik Klein Gotink

© Lodewijk Baljonlandscape Architects

0548

实验：一些举办的活动为实验提供了额外的机会。罗特河位于鹿特丹市中心，周围环绕着砖墙。一个夏天，放置了漂浮的波拉德柳树，以提醒我们在城外的河流的起源，它在柔和的草地上流淌过有着波拉德柳树的田野。荷兰，鹿特丹，罗特河节（*River Rotte Festival, Rotterdam, The Netherlands*）。

0549

重复：重复的元素不仅强化了它们自身，节奏也使其重复移动的空间获得额外的深度。多多益善。荷兰，代芬特尔，波托夫公寓（*Pothoofd Apartments, Deventer, The Netherlands*）。

0550

最好的基本材料：简单而有效的材料是大多数设计的基础。树篱构成了规划，创造了坚固的背景，组织了空间，形成了雕塑。水是生动的，不仅以倒影一种方式。砂砾是朴素的、丰富多彩的和随意的。阿登豪特，花园中的篱笆；海姆斯德，花园里的水；荷兰恩斯赫德国家博物馆的砾石（*Hedge in garden, Aerdenhout; Water in garden, Heemstede; Gravel at Rijksmuseum*）。

Lola Landscape Architects

荷兰

1e Middellandstraat 103
3021 BD Róterdam, Países Bajos
Tel.: +31 10 414 13 68
www.lolaweb.nl

0551

使用当地问题来创建通用解决方案。虽然景观设计往往是一项定制工作，但它仍然提供各地通用的解决方案。用作植物柱的电塔方案，可以随着季节改变颜色。如今，许多荷兰城市都在通过电网发展壮大，电力塔也被纳入了新的社区。

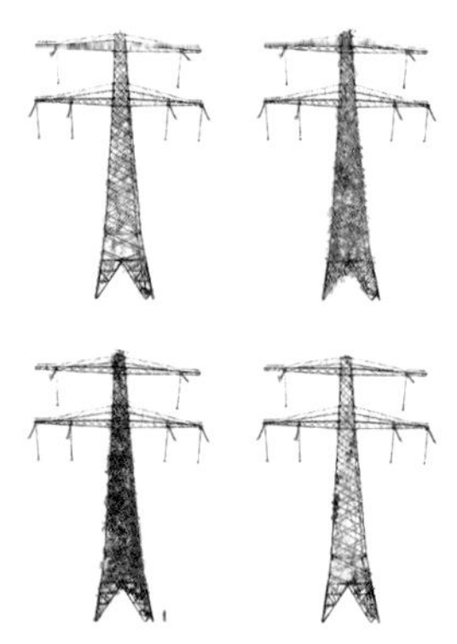

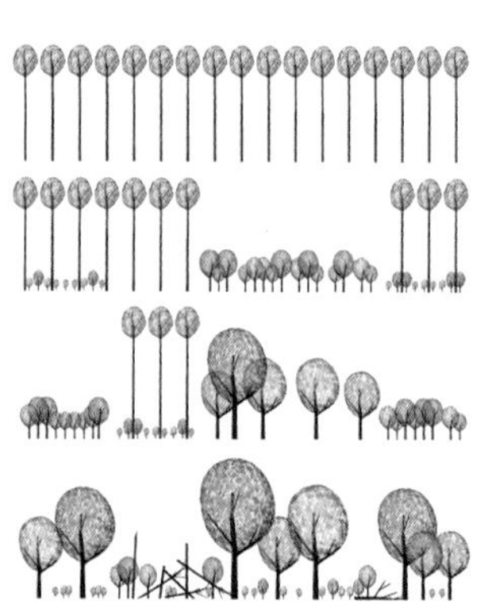

0552

使用全球性的挑战来解决本地问题。全球性问题可能对景观设计产生重大影响。例如，在全球范围内森林砍伐使许多天然林变成了生产林。我们喜欢扭转局面，去加速将生产林转变为可持续天然林的战略。

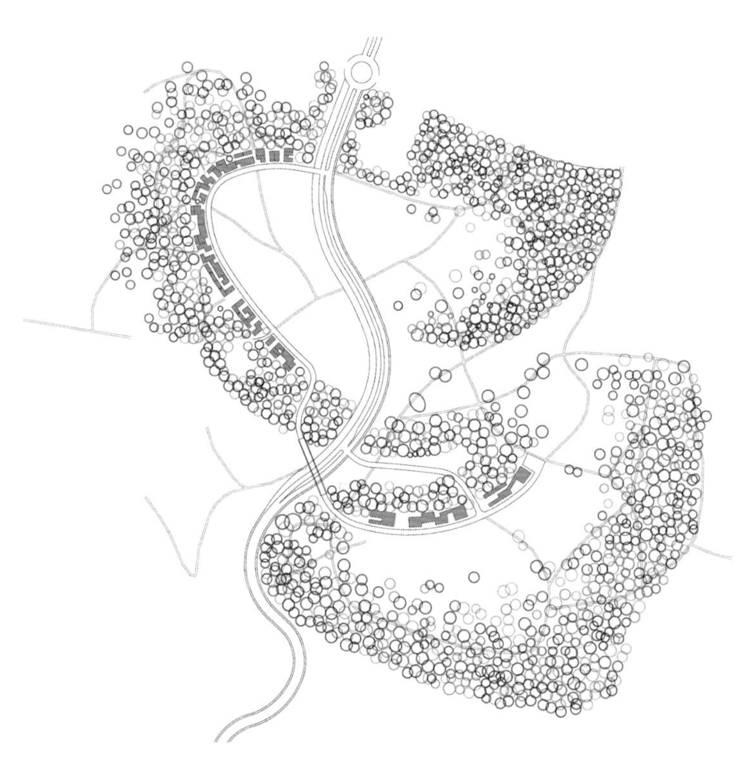

0553

不要设计一切。你设计的越多，剩下的自由就越少。设计一个内部城市广场，其中间部分略微倾斜，在一端创建一个舞台，在另一端创建一个收集水的下沉空间。促进了一系列不同的用途，但这些功能不是固定的。

0554

设计“综合景观”。如果可能的话，“综合设计”是非常强大的，可以克服明显的矛盾。生态保护区的整体设计包括房屋、体育设施和区域道路。

0555

在大型项目中需要往小里想。从大规模和长远来看，几乎不可能预见到设计干预的结果。展示未来的样子仍然至关重要。动态性质的详细图像可呈现将潮汐影响重新引入三角洲湖泊规划的未来的样子。

0556

力求纯天然。人工设计的自然可能永远不会是“纯粹的”，但可以是大量的、丰富的、令人兴奋的和肥沃的。重新设计了一座大坝，最初设计为一个公共的休闲海滩，现在变成了一片充满活力的三角洲大自然：没有树木，只有海滩、泻湖和岸边的湿地。而娱乐将随之而来。

0557

在小规模项目中要往大里想。我们的设计解决方案经常出现在项目周围的大局中。设计一座服务缓慢交通的桥梁，将其分为两座桥梁：一座为通勤者提供快速连接，另一座为游客提供邻近自然公园的美丽景色。旅游桥承载着另外的通勤桥梁。

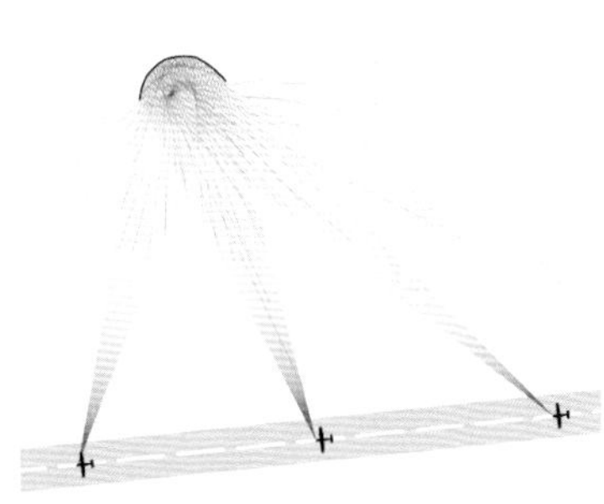

0558

触发感官。像大多数媒体一样，这本书只展示了风景的视觉方面，而强烈的景观体验取决于所有感官。在机场旁边的飞机检查员对剧院的概念是以这样的方式形成的：起飞飞机的声音被捕捉并集中在一点上，以获得极端的声学体验。

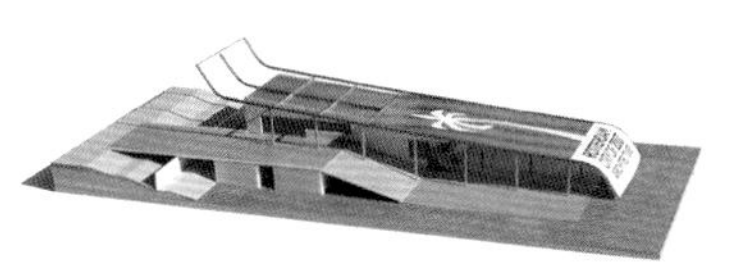

0559

制造体验自然的装置。人们需要体验自然的装置；他们带来望远镜、风筝、自行车等。景观设计师应该开发新的装置。建议在每年夏天遭受严重干旱的自然区域沿着一系列混凝土饮水池修建一条道路。这些水池可以帮助动物，也可以帮助前来观察鹿的人。

0560

合情合理：景观设计是关于如何实现想法的。设计一个海滩凉亭，除了屋顶外一切都是由标准建筑系统制成。这在天气好的时候可以作为双层屋顶和“海滩”标志，在恶劣天气下可以作为露台上的防雨罩。

Made Associati.
Architettura e paesaggio

意大利

Vicolo Pescatori, 2
31100 Treviso, Italy
Tel.: +39 04 22 59 01 98
www.madeassociati.it

0561 ➤
预先倾向性："景观是空间，不是空间中的物体；正是空间本身创造了一个被体验和评判的对象"（罗萨里奥·阿斯托，1980）。每个地方都有自己特定的物理特征，这些特性可以是感性的和形式化的，这形成了项目可借助的工具。该项目是对场地预先存在的元素的简单重组和重新利用。

0562 ➤
地方的元素：参与计划景观功能，发现规则并加以修改，改造它们从而创造一个新的地方。这个创作过程基于各种形式的景观元素：切口、标高、开挖、纹波、成排的树木、连续的篱笆、堤岸、犁地纹理、耕作和废弃。

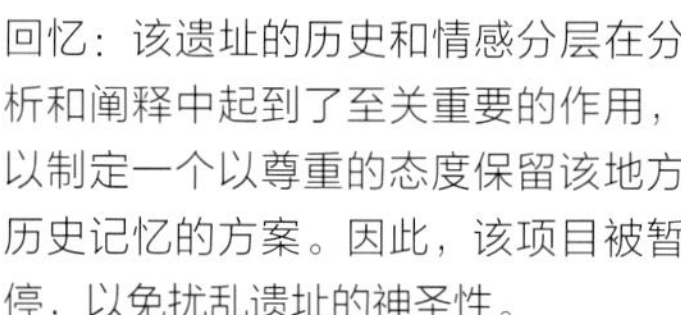

0563 ➤
回忆：该遗址的历史和情感分层在分析和阐释中起到了至关重要的作用，以制定一个以尊重的态度保留该地方历史记忆的方案。因此，该项目被暂停，以免扰乱遗址的神圣性。

0564 ➤
部分：构建新结构而不添加任何建筑物。努力改变大地，发展其产生新地形的能力，这样的操作产生新的视觉联系、新的空间关系，从而产生新的感官体验。

0565 

空间：空间不能被定义为好的或坏的。没有维度特征可以定义空间质量。每个空间都需要良好的项目管理，因为有些空间会对自身特性产生否定。它们的存在只是因为它们定义其他空间。它们的存在可以被定义为一种痴迷。这些空间的管理为它们潜在的表达、交流和导向提供了价值。

0566

再利用：有些被遗忘的地方，它们遭受损害并被遗弃，被掩盖了未开发的潜力。就它们的再利用而言，对新地域功能的再造有助于它们再次成为网络中的活跃部分。而竖立围墙是不合适的。

0567

留白：做减法。通过减少符号来建设项目可增加空间本身的价值。一个开放的空间不是空的，而是自由的，随时可以居住。

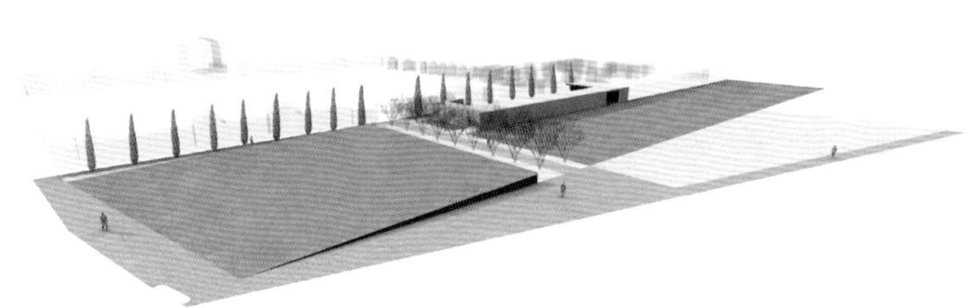

0568

建筑和景观：认识到“建筑形式”是一种身体和心理的旅程。它是一个建立的、交织的网络的转变，在这个网络中，景观刺激了建筑形式的创造，建筑推动并欢迎新形式的展现。

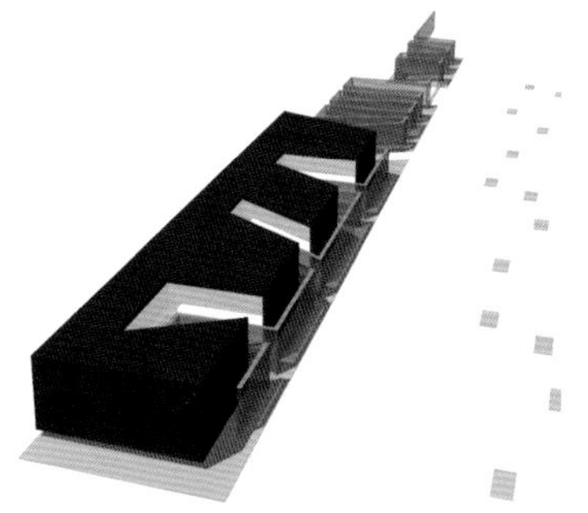

0569

点、线与面：设计的价值。从平面构图方面来说，建筑等级秩序、地形和形态可以是地面的造型，而不单单是标高的形式（建筑或自然）。一条直线，特别是一条变粗的短线，代表了线从起始点变长的类似例子：我们也想知道线在哪里终止而表面在哪里开始？

0570

边界之间的空间：空间的使用创造了建立新关系的机会。在密集的、建成的城市中，事物之间的边界产生了新的建设机会。一个对象的边界的主题、边界之间的内容和未定义的主题空间具有意外价值，它们不是用来支持周围空间，而是作为互相连接的景观的过渡场所。

María Teresa Cervantes Joló

祕鲁

Monte Carmelo 475 Dpto 402, Chacarilla, Surco
Lima, Peru
Tel.: +51 1 994 543 925
maitane@terra.com.pe

0571

设计过程不应被视为最终结果，而是在过程中不断丰富的途径。古老的华卡瓦蒂纳马卡考古遗址是这个公园设计灵感来源。其构成的线条和体量是激发灵感的元素。

0572

这个地方必须被理解为整体的一部分。我们需要使自己变得敏感，并且“听到”它想对我们说的话。项目必须与其直接和遥远的背景“对话”——它有助于协调感知和实体之间的关系。

0573

在华卡（一种巨大的金字塔）和规划的地形之间建立了尺度关系。这样就可以实现任何项目中必须寻求的体量平衡。

0574

开放空间被设想为灵活使用，让使用者的想象力疯狂，这将带来新的用途，丰富空间。

0575

必须鼓励市民认同他们的城市及其周边环境。以一种有趣的方式纳入教育元素，可利用文化信息板、发现的织物和植物的铭牌进行教育。

0576

对遗址和考古研究的分析提供了使这个项目独具特色的元素。发现的织物是地板上图案的灵感来源。

0577

对光线、纹理和颜色的分析可以达到平衡，重新创造有趣的方式来丰富项目。厚重纹理（华卡）和精细纹理（丘陵）的对比。

0578

风景不断变化，随着时间的推移，它的微妙之处使我们对光、季节、生命感到敏感。

0579

综合设计方案。家具方案符合项目的要求，在功能和美学方面使之完美。

0580

该地区的植被应该是本地遗产的教育和知识资源。原生木本植被和覆盖物用于确保植物生长良好且长期存活：角豆、秘鲁辣椒、铁杉、野花生。

Mayer/Reed

美国

319 SW Washington St, Suite 820
Portland, OR 97204, USA
Tel.: +1 503 223 5953
www.mayerreed.com

0581

无论在何处，城市雨水冲刷着我们城市的不透水表面，清洗屋顶和铺砌区域的空气污染物，并直接进入相邻的溪流和河流。在波特兰的俄勒冈会议中心，雨水花园的建造是为了清楚地展示由植被形成的绿色基础设施如何在一个狭窄的半英亩（约0.2hm²）的土地上净化和处理来自面积达5英亩（约2.02hm²）的建筑屋顶的雨水。俄克拉何马州保护委员会雨水花园（*OCC Rain Garden*）。

0582

新的景观可以基于美国文化传统的变迁。通过拥抱自然与文化的关键交界面，强大的、流动的、向外的骨灰匣壁龛将陡峭开阔的田野变成一个相互尊重的内向的传统墓地建筑（*WNC*）。

0583

随着我们的城市和街区越来越密集，我们必须创建活跃的公共场所，以改善行人体验并与交通的替代方案保持良好连接。东岸滨海大道将高速公路和河流之间1.5英里（约2.41km）的废弃的后工业城市中脏乱差的地方变成了一条充满活力的、连续的步行道和自行车走廊，连接一条漂浮的人行道、开放式广场、景点、艺术和作为野生动物栖息地的绿色空间（*EBE*）。

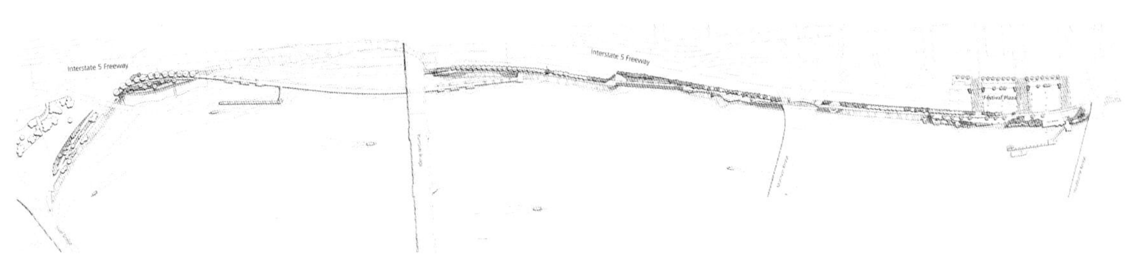

0584

家在哪里？家可以是由一个前工业用地转变成的混合用途的高层住宅区，包括零售、滨河水区和娱乐功能。阿特沃特和阿尔代亚是设计师、场地和建筑紧密合作的一个案例，注重细节造就了一个可持续的社区。在这里，居民体验到使命感和选择城市生活的回报。阿特沃特，阿尔代亚（*Ardea, Atwater*）。

0585

玩水并使用其反射特性来照亮黑暗的城市峡谷。

0586 ▲

日常工作场所应该是吸引人、鼓舞人心和有价值的，并提醒我们如何为经济和地方做出重要贡献。创造灵活的户外社交空间，在这里我们合作、分享我们的生活，用餐，彼此欣赏并缓解压力（*PDX*）。

0587 ▼

用新颖的意图表达日常材料的精神。将艺术表达融入建筑环境的各种形式中（*PDX*）。

0588

如何能以互利的方式使企业的表达和环境质量相互支持？俄勒冈州的耐克世界总部景观是吸引户外人群的地方，也达到了与改善场地水质和栖息地之间的微妙平衡。鹭、鹰和其他野生动物的出现是园区里的常事。自然世界的平静和美丽激励着运动员、员工和游客。

0589

使集体所有的公共空间个性化，并让所有人享受。

0590

创造以真实表达为基础的场所，反映生活质量、历史和居住在这些环境中的人们的价值观。负责任的设计包括可持续发展的方法，影响生态、经济、人类福祉和更大的全球社区。通过创造人们关心的地方，我们创造了可持续发展的社区（*VCC*）。

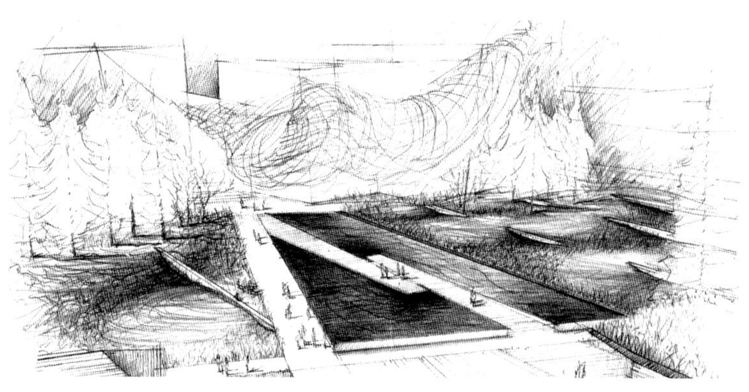

McGregor Coxall

澳大利亚

21c Whistler Street
Manly, NSW 1655, Australia
Tel.: +61 2 9977 3853
www.mcgregorcoxall.com

0591

为了获得连贯的结果，设计必须以强大的设计理念为基础。在每个阶段的设计决定必须强化这一理念。坦佩尔霍夫竞赛（*Tempelhof Competition*）。

0592

正如密斯·凡德罗说，上帝身在细节中。注意每一个细节，因为它是项目整体成功的组成部分。岬角公园（*Ballast Point Park*）。

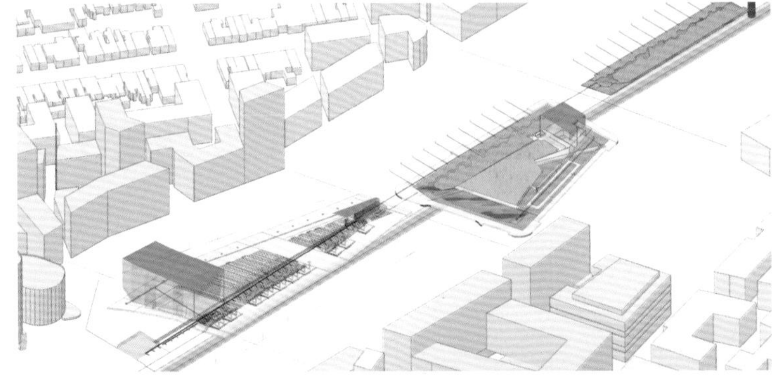

0593

每个场地都是更大的环境的一部分，对周围环境产生影响。设计必须考虑更大的领域并利用它来扩大场地的机会，并反过来增强其周围环境。绿色广场（*Green Square*）。

0594

与志同道合的多学科团队合作可以使设计过程有趣并且通常会带来成功的结果。米特酒吧（*Metre Bar*）。

0595

探索使用材料的创新方法，这甚至适用于最常见的材料。岬角公园（*Ballast Point Park*）。

0596

每一个场地都有一段历史，揭示和参与这段历史可以丰富场地的体验。前英国石油公司公园（*Former BP Park*）。

0597

可持续发展为探索和揭示独特成果提供了途径，而且常常会为环境和场地带来双赢。岬角公园，资源图表（Ballast Point Park, Resource Diagram）。

0598

将预算和场地问题等限制条件作为改进设计的机会。使用昂贵的材料并不一定会产生高质量的项目，但是通常会由于无法预料的客户或场地问题而改善设计。

0599

在建造非标准项目时，永远要记得索取施工图纸，并确保与制造者合作，以确保结果反映设计意图。

0600

在现场构建设计时，总是对设计有一定程度的控制，你最不希望那些不懂设计的人为你做现场设计决策。最好的效果是设计师和承包商之间尊重合作的结果。澳大利亚国家美术馆（*National Gallery of Australia*）。

Newtown Landscape Architects

南非

369 Goverment Road
Johannesburg North, South Africa
PO Box 36
Fourways, 2055
Tel.: +27 11 462 6967
www.newla.co.za

0601

始终与建筑师和客户紧密合作。采取敏感的方法，参考自然环境的背景线索和区域文化的叙事指标。然后，景观设计融合并加强建筑，但在有些地方，也进行自我表达并表现该地区的文化，这种方法在城市“广场”是很显著的。南非内尔斯普雷特，河滨政府综合楼。与KWP合作（*Riverside Government Complex, Nelspruit, South Africa. With KWP*）。

0602

团队合作：与庞大的设计团队为一个复杂的客户工作是非常激动人心且充满挑战的体验。利用这一过程来模糊艺术、建筑和景观之间的界限，自由公园的“库姆布托”设计产生了一个具有功能性、象征性和艺术性的美丽景观。南非，比勒陀利亚，自由公园，与NBGM景观建筑师和OCA合作（*Freedom Park, S'khumbuto, Pretoria, South Africa. With NBGM Landscape Architects and OCA*）。

0603

景观作为叙事：景观工作可以固定记忆并创造新记忆。叙事在非洲自由公园的建设中起到了关键作用，通过引用非洲文化和普遍象征主义来创造一个与人交往的地方，面对他们对过去的看法和对南非未来的憧憬。与NBGM景观建筑师和OCA合作（*With NBGM Landscape Architects and OCA*）。

0604

可持续的环境：努力实现文化、艺术和生态价值的可持续发展环境。认识到当代形势的现实以及赋予地方独特性的影响。这种方法在滨江政府综合体中体现得非常明显，该综合体成为自然河流系统与城市环境之间的交界面。与KWP合作（*With KWP*）。

0605
社区参与：将社会和生态目标与公共公园设计中的安全性、经济性和生产力结合起来。从一开始就让社区参与进来，因为这会给他们一个“理由”，让他们团结起来，唤起一种自豪感和期待感。莫罗卡大坝分部把这一理念付诸实践，取得了巨大的成功。该项目还为当地人创造了就业和艺术（马赛克）培训机会。

0606
互相学习。作为设计团队的一员，你必须提防自己的过度自信，但同时，要清楚自己的贡献和局限性。这个过程令人畏惧但令人兴奋，因为你必须掌握自己的想法并与团队成员协商。南非，约翰内斯堡，埃利斯公园区，与MMA ASM合作完成（*Ellis Park Precinct, Johannesburg, South Africa. With MMA ASM*）。

0608
理解自然：审美和功能的成功可以通过勤奋地应用生态场地规划和设计原则来实现。以此指导设计使得景观和建筑干预相互和谐，相互支持，并对场地的“戏剧”做出反应。自由公园的信息亭很好地展示了这一过程的结果。

0607
运动路线指南概念：调查和理解人们穿越场地的方式，特别是在棕地现场。了解人们横穿现场的现有方式对于南非索韦托的摩洛卡选区的设计至关重要。这对直觉性理解、舒适、安全和轻松运动的方法提供了指导。

0610
种植与当地生态：生态敏感的场地需要在地方种植和园艺目的之间取得平衡。在内尔斯普雷特（南非）的河滨政府办公大楼中，建筑物被用作敏感峡谷生态与原始果园之间的屏障。河流边缘选择性地重新种植了最初的植物调查中的本土植物。

0609
在约翰内斯堡的终点街公园，对现有的设备和材料进行了仔细的评估，以确定哪些是可以重复使用的。所有现有的铺路被纳入重建。来自旧浴室的瓷砖被循环利用，用于拼制互锁铺装的马赛克。建筑废墟被用作填充土墩。旧游乐设备被修复并重新引入新设计的元素。

N-tree contemporary art & landscape garden

日本

1-25-32 Naitou Kokubunji-shi
Tokyo 185-0033, Japan
Tel.: +080 3317 5028
www.n-tree.jp

0611

绿色装饰：我的花园里的艺术很少是一成不变的。相反，它是甜美的、模糊的，弥漫在大气中，变得几乎看不见。

0612

做减法的花园：我有选择地移走了石板和部分低矮的砖墙，以形成60cm×60cm的空间。建造了一个竹篱笆，空间覆盖的银色花岗岩砾石象征着大海，作为花园内的微型花园。将抛光不锈钢板插入空间的两面；它们相互反射使这个微型花园无限地伸展开来。

0613

黑土和六边形花园：这个花园项目由园艺师和建筑师共同创建，他们同时工作并发展了更多的花园景观。这个花园的风格是现代日式漫步花园（*kaiyuu-shiki teien*）。由于花园和建筑的建造设计同步进行，所以有很多有潜力的和自由的景观，而不必拘泥于固定或特定的观看方式。

0614

云上的空间：客户希望有一个花园来赏月。我把白色的花岗岩小方块雕刻成*Kobudashi*风格（一种传统日本建造石墙的技术）的粗糙表面，然后结合平铺石材形成棋盘图案以代表云。

0615

没有方向的花园：该花园的主题是无限，这由重叠的圆盘代表。每个圆形按其性质都没有终点，同时有几个圆更强化了这种效应。我有一个艺术品名为“方向”，是用浮雕竹子来表示，它指向生命的方向；但在该花园里的圆盘没有采用浮雕竹子，而是用来表达无限。

0617

红色方向的花园：房子的后墙上没有窗户或门，所以需要一个步入式的花园。另一个客户要求安装一些艺术装置，并使用他们最喜欢的颜色：红色。位于中央的艺术装置由红色混凝土制成，被命名为“红色方向”，另外还有一件名为“竹子末端”的艺术品也进行了展示。

0616

场所形式项目：在日本叶山的场地有着强烈的历史和情感方面的文脉。设计景观时，不能丢失这些情感，这一点很重要。该理念非常注重材料和知识的循环利用，以保持该场所精神。

0618

现在的花园：这个花园是为了日常使用、举行仪式和满足精神需要而创建的。客户希望把她的这个花园变成小茶园。该花园象征着当下（现在），它总是与过去（比如传统的茶道仪式）和未来（不断变化的外表，如苔藓的生长）相联系。

0619

现在的花园：该花园代表了当下时光的短暂。客户和我都明白，这座花园将不会被同一个人使用，因为它是租赁的。我决定把屋顶改造成一个天堂，许多访问者可以聚集在一起，从繁忙的东京数字生活中逃脱出来。

0620

洞穴花园：建筑师要求坡地花园在顶部入口为西方式的，而在斜坡下部为东方式的/日式的，旁边是一个日本榻榻米的房间。从山顶上看，两张氧化了的铁板像长方形雕塑。但从下面看，大的长方形覆盖物下面代表着隐士居住的洞穴。

Okra Landschaps Achitecten

荷兰

Oudegracht 23
3511 AB Utrecht, The Netherlands
Tel.: +31 30 273 42 49
www.okra.nl

0621

内外空间的反转！剧场人楼内的活动可以激活公共领域。在霍尔斯特布罗，河岸通过雕塑空间被改造成公共剧场，游客成为场景的一部分。这座桥占据了中心位置，把两岸靠近的城市区域连接在一起，成为人们可以通行的地方，市民也可以驻足欣赏风景。丹麦，霍尔斯特布罗，丝朵拉河（*Storaa Stream, Holstebro, Denmark*）。

0622

创建临时绿色空间。临时的住宅区不需要永久的花园。为了产生即时绿化效果，放置了一系列种着竹子的大型袋子，以后可以拿走这些袋子。由于袋子设计成彩色，而且竹子选择了正确品种，所以虽然造价相对低廉，但是完全没有简陋廉价的感觉。荷兰，阿尔默勒，临时花园（*Temporary garden, Almere, The Netherlands*）。

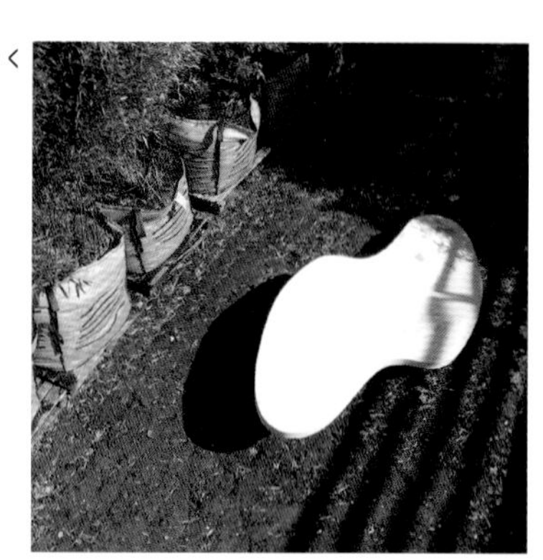

0623

强调历史的奥秘！在乌得勒支，古罗马城堡仍然存在，只是位置在地下4m处。为了表达这座城市的核心是建立在城堡之上，广场的巨大潜力通过清晰可辨的、神秘的光线进行了加强。轻烟从金属板上的排水沟里冒出来。荷兰，乌得勒支（*Utrecht, The Netherlands*）。

0624

将水引回城市的中心地带。对梅赫伦市的美兰河进行了挖掘，并在旧城中心进行了新的景观美化。一套完整的方案实现了多个目标：考古、陆地和水上交通、旅游轴线和城中心更新，这些都是发展的重要方面。比利时，梅赫伦（*Mechelen, Belgium*）。

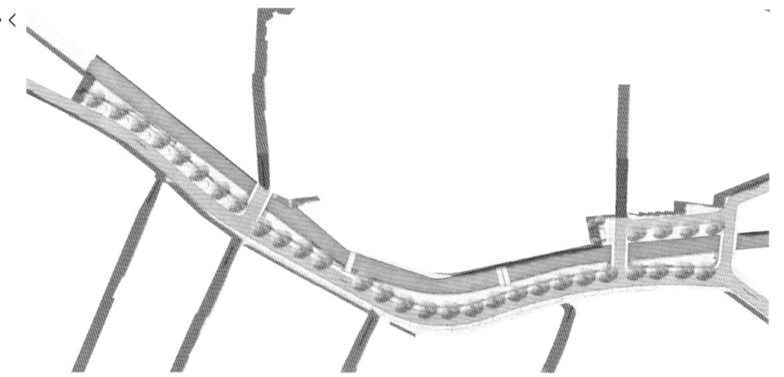

0625 ➤

敢于古今结合。尊重历史不仅需要使用旧材料。有时，如同在聚特芬的汉萨古城，当代设计为老城添加了新的宝贝。公共领域的设计是对古城的重新解读；家具被设计成当代物品。荷兰，聚特芬市中心（*Town-center Zutphen, The Netherlands*）。

0626

五米在85km的景观特色中可以是至关重要的。隐藏在景观中的“新荷兰水线”的主要防线形成了干湿边界，与底层景观紧密相连。在某些特定的地点，特定的干预措施，采用“开口作为干预的标志”。荷兰，图伦瓦尔，格林夏普（*Gedekte gemeenschapsweg, Tullen't Waal, The Netherlands*）。

0627

让这个区域看起来好像没有限制。位于乌得勒支中央火车站附近的因克普铁路公司大厦，用看似矛盾和局限的方式创造了一个充满想象力的庭院。具有可移动物体的设计为各种用途设置了场景：包括舞台场景、布景和幕后世界。荷兰，乌得勒支，因克普（*Inktpot, Utrecht, The Netherlands*）。

0628

整合防洪与城市公共领域！它创建一面有趣的墙，把住宅项目和防洪结合起来。巨大的戏剧性楼梯连接着低码头和高码头。通过精心使用材料，这座历史悠久的城市与河流相连。通道连接城市中心、住宅区和码头。荷兰，杜斯堡，伊塞尔码头（*IJsse/ Quay, Doesburg, The Netherlands*）。

0629

恩斯赫德市场广场创造了一个灵活的空间，强调不断变化的动态使用。可以添加或去掉一系列的元素，或从一个位置移动到另一个位置。在有集市的日子，广场熙熙攘攘，充满了一个地区市场应有的活力。在安静的日子里，可移动的座位和风引发的雾喷泉创造了完全不同的气氛。荷兰，恩斯赫德（*Enschede, The Netherlands*）。

0630

将当地社区融入城市公园。要想激活埃菲特这个既大又被忽视的区域不仅需要建立一个公园，而且还要整合当地居民的多元文化。公园的基本理念是建立一个开放的中心区，周围有一个特定功能的框架。甚至学校的孩子也通过描绘他们的抱负为公园做出了贡献。荷兰，特丹（*Rotterdam, The Netherlands*）。

Osa architettura e paesaggio

意大利

Via Cristoforo Colombo, 183
00147 Rome, Italy
Tel.: +39 06 45 43 41 47
www.osaweb.it

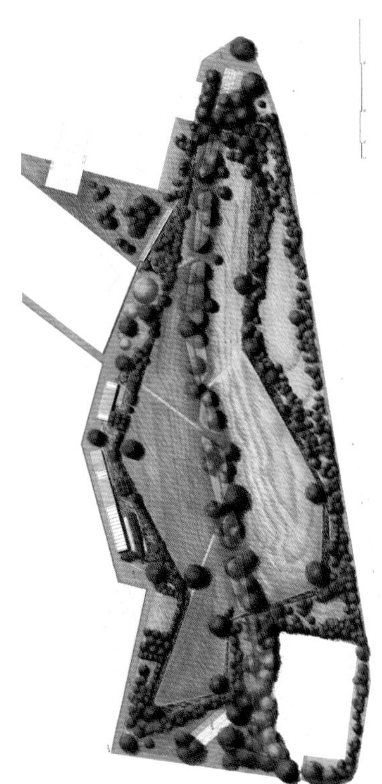

0632

"花园必须有一个单一的、核心的、清晰的想法"（ELutyens）。一个花园无论大小都应该采用明确的原则，贯穿初始行为、感知和交通策略。方向感是基本的主题：我们可以采取静态或动态的策略，即使是由一位心不在焉的使用者进行猜测，也容易找到方向。意大利，罗马，卡萨尔莫纳斯泰罗城市公园，2008年（*Urban Park in Casalmonastero, Rome, Italy, 2008*）。

0631

作为建筑，景观设计是一个整体，包括建筑的坚固性、为目标而进行的场所合理调整及审美愉悦感的产生。园林设计要求有诊断和评估的聪明智慧、定义形式和图案的技术专长和能力。目标是实现形式、功能、技术和意义之间不可分割的统一。意大利，萨尔托和图拉诺湖景观工程，2009年（*Landscape project for Salto and Turano Lakes, Italy, 2009*）。

0633

诊断和设计是一个辩证的术语，是渐进的、随后发生的、相互促进的步骤，最后达成令人满意的解决方案。"诊断"——而不是"分析"——解释了获取场地数据与调整想法间的不断相互作用。识别场地地貌和特点是良好诊断（和设计）所必不可少的。意大利，格里齐亚卡索开放博物馆，2010年（*Open air Museum for Gorizia Carso, Italy, 2010*）。

0634

当项目涉及建筑物及其室外空间时，是引导内部及外部的空间和建筑元素达到实质统一的绝佳机会。花园不应该是建筑物的装饰附加物或缓解装置：花园和建筑物应该完善彼此的功能和表现力。意大利，马泰拉，城市花园与基础设施，2009年（*Urban garden and infrastructure, Matera, Italy, 2009*）。

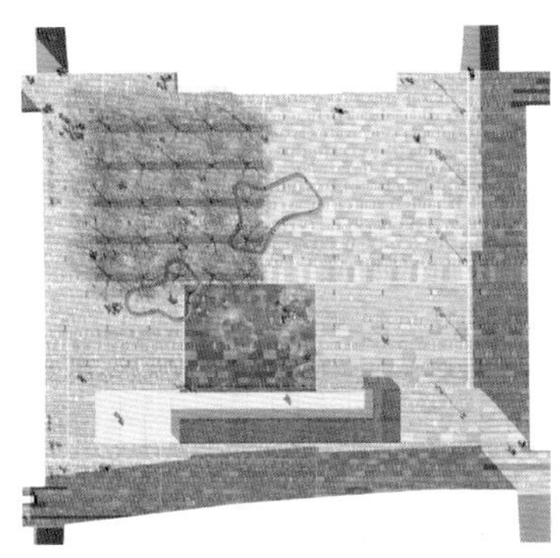

0635

现代景观概念涉及组合规则，因为它坚持元素之间的关系，而不是对象本身。所涉及的元素可能是非常不同的，但是我们将把它们组合成一个可检测的序列。这里：一片金色石头的铺地+一组树+两个布雷·马克斯长凳+镜面水+……意大利，拉韦纳，约翰·肯尼迪广场，2010年（*Piazza J F Kennedy, Ravenna, Italy, 2010*）。

0636

植物可以在几何、比例、尺度、节奏等方面建造一个地方的建筑，也可以通过气氛因素实现：光的颜色、反射和振动，被太阳光芒点缀的树皮的粗糙度，阴影的强度，树叶所占据的空气厚度、纹理、半色调及混响。丽娜·柏巴蒂称之为“建筑的稀薄物质”。意大利，罗马，卡萨尔莫纳斯泰罗城市公园，2008年（*Urban Park in Casalmonastero, Rome, Italy, 2008*）。

0637

植物是景观设计的活材料。对于普通的神话，地方性总是有积极的价值。当然，为了连续性和尊重，我们应该了解一个地方的植物习性，但是植物是外来的：植物原生色板上的本地植物通常会产生生动的亮点来引起人们的注意并增强相互的对比度。意大利，罗马，弗雷杰内海滨线性公园，2009年（*Linear Park in the seafront of Fregene, Rome, Italy, 2009*）。

0638

每个花园都应该包含隐藏的或显而易见的故事。好的花园功能布局应该有一个包含几层含义的坚实的脚本：从一个看似简单的情节，逐渐出现的其他模式甚至是语义上的对立。每个花园都应该包含一个故事，但每个访问者都应该得出不同的结论。意大利，罗马，贝尼代托克罗齐高中的庭院，2009年（*Courtyard for Benedetto Croce High School, Rome, Italy, 2009*）。

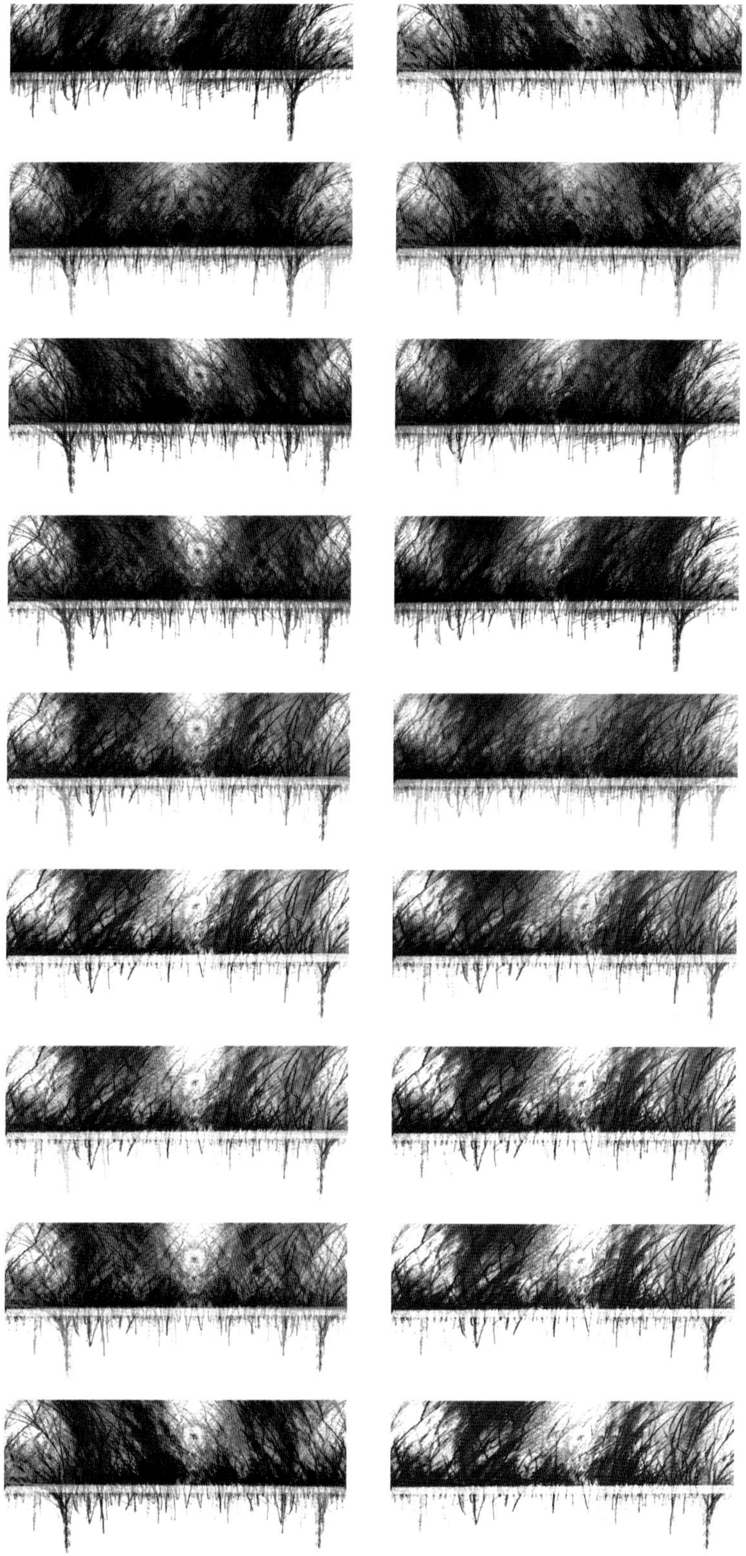

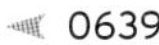 0639

景观是难以捉摸的、临时的、总是移动和变化的。它是动态符号的组合，所以有时形式是不可控的。景观设计是为了探究动态形态：生长、萌芽、死亡，有时是复兴。我们用皮埃尔·格里马尔的话来解释："景观是一个人学会欺骗自然法则的好地方"。意大利，那不勒斯，巴诺利城市公园，2006年（*Urban Park of Bagnoli, Naples, Italy, 2006*）。

0640

景观设计是跨尺度的：整体指向细节，细节是整体的部分。在图纸中，在大尺度上使空间的几何定义及场地与背景的对比清晰；在细节层次几乎模拟了植物和矿物表面的触觉感知。意大利，那不勒斯，巴尼奥利都市公园的玫瑰园，2008年（*The Rose Garden in the Urban Park of Bagnoli, Naples, Italy, 2008*）。

Oslund.and.assoc.

美国

115 Washington Ave. N. Suite 200
Minneapolis, MN 55401,USA
Tel.: +1 612 359 9144
www.oaala.com

0641 ➤
你必须知道什么时候放下铅笔。

0642 ▲
这不仅仅是平面图案，而是关于创造空间。

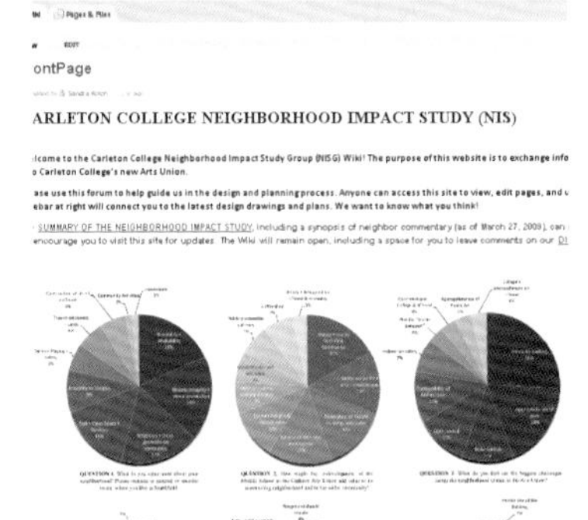

ontPage

ARLETON COLLEGE NEIGHBORHOOD IMPACT STUDY (NIS)

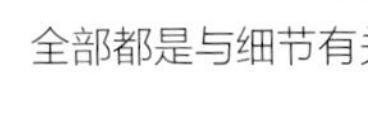

0643 ▼
全部都是与细节有关的。

0644 ▲
了解你的调色板。

0645 ▲
通过新的社交媒体工具进行项目管理和计划。

0646 ➤
大概念，而不是短期的反应。

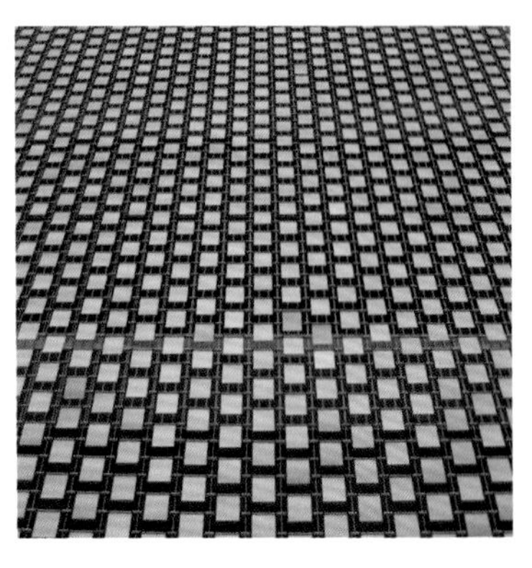

0647
简约来源于复杂。

0648
不要害怕冒险。

0649
草图就是答案。

0650
工作室环境促进创造性思维。

Oxigen Landscape Architects + Urban Designers

澳大利亚

Office 7-11 Moger Lane,
Adelaide, SA 5000, Australia
Tel.: +61 8 8132 7200
www.oxigen.net.au

0651

新景观：持久的景观具有踏实的、潜在的布局，可随着时间的推移而发展和改善。新的景观不应局限于严格的套路，而应是对观察、调查和修改的真实反应，反过来，这些将揭示其颜色和核心。这些景观不仅强有力，而且灵活，能够调整和改变。

0652

产品：设计是一种数字游戏，这种游戏通过合作和为社区及其当代需求和愿望进行设计的渴望而得到丰富。歌颂英雄的英勇行为。通常最好的项目来自许多人的参与，而不是个人的辉煌时刻。

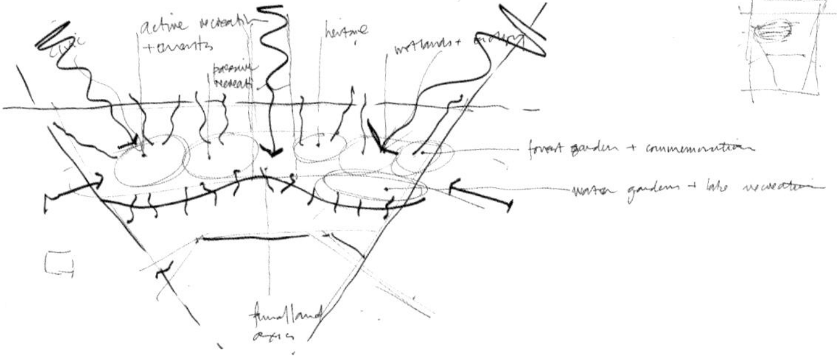

0653

未来的世代：如果一个产品尚不存在，就去改写和设计它、发明它、创造它、制造它，但不要妥协。每个新产品或创意都增加构建的景观，并满足日常生活的实际需要。我们作为景观设计师的技巧就是使想法抽象化。在堪培拉的75hm^2的中央公园项目就很容易在一幅草图中得到解释。

0654

逻辑方法：设计囊括了生活的方方面面。总是考虑老人或孩子可能会想到的东西——新景观设计应包容未来使用和热爱它们的社区。堪培拉的纳朗桥既是安全过河的场所又是平台，与格里芬湖的澳大利亚国家首都的规则式景观设计融为一体。

© Alex Game/Oxigen

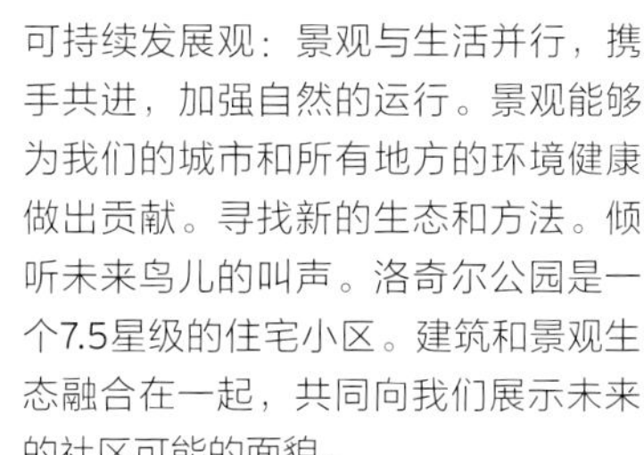

0656

可持续发展观：景观与生活并行，携手共进，加强自然的运行。景观能够为我们的城市和所有地方的环境健康做出贡献。寻找新的生态和方法。倾听未来鸟儿的叫声。洛奇尔公园是一个7.5星级的住宅小区。建筑和景观生态融合在一起，共同向我们展示未来的社区可能的面貌。

0655

设计的文化：不要害怕去感受好的设计及好的设计带来的喜悦。我们在音乐、自然、人身上都可看到好的设计。好的设计也赞美了我们社区的文化和政治生活。澳大利亚总理在堪培拉举行的罗伯特·戈登·孟席斯步道开幕式。

© Alex Game/Oxigen

0657

新生态：将食物生产融入到城市景观中，引入了一种新的审美观，重视可视化景观的可持续性。这是一种新生态学，可以推动关于可持续发展的讨论。用富饶的稻田代替装饰性的托伦斯湖，体现了我们的社区更喜欢生产性的景观，而不是视觉景观。

0658

社区：富有想象力的景观展示了一种交叉协作方式的证据。让参与引导过程。让所有领域和生活形式都了解景观，当地社区参与设计过程，能得到真正反映地方意识的理念和结果。

0659 ➤

种子：开始设计时会萌发一个想法，但不是试图立即实现的完整概念。随着更好地理解用户的功能计划、场所和需求，种子可以生长并使设计变得生动。努力永远不要失去大胆的想法。5个不同的预制公园亭是从基本模块开发的，确保形式和材料的连续性。

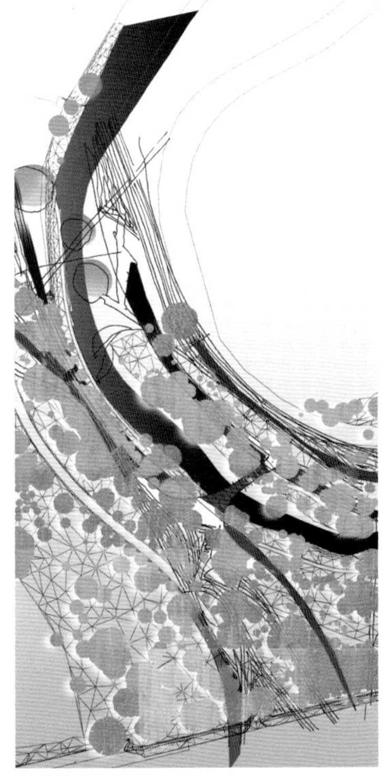

◄ 0660

当代的需求：乐观地设计社区与自然共存的更美好的世界。通过更好地了解当代世界的反常性质，我们可以创造新的景观，这些景观现在看起来似乎怪异，但可能成为我们可持续未来的典范。托伦斯桥捕捉到穿越的瞬间和当前景观的品质。

PEG office of landscape + architecture

美国

614 S. Taney Street
Philadelphia, PA 19146, USA
Tel.: +1 215 546 0420
www.peg-ola.com

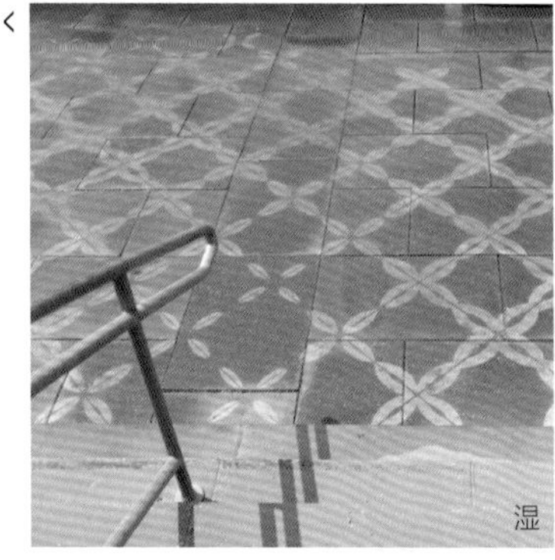

0661

我们最近的两个项目将阻滞剂作为制造复杂图案的手段进行研究。露点（Dew Point）项目探索了将水的阻滞剂精确应用于混凝土的技术。短暂的图案只能在降水的时刻才能看到。通过暂时改变表面的外观，这种技术提供了响应环境的表达。

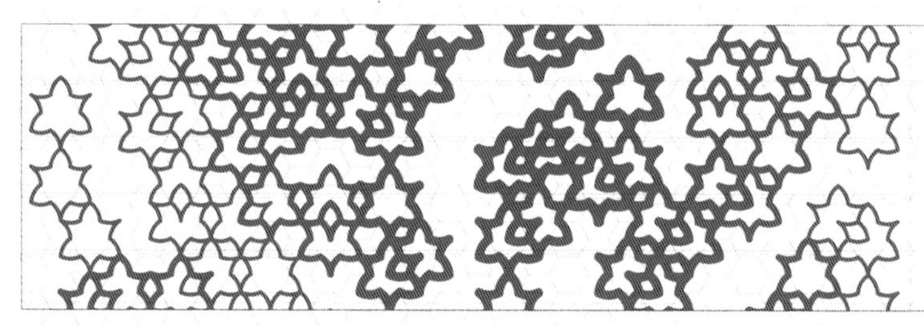

0662

图案是使环境因素清晰可辨的有效手段。数字媒体和制造技术使创新手段可用于控制有机和无机材料之间的关系以及固定材料和时间现象之间关系。这些工具提供了相对简单的方法来制作视觉和环境方面都不同的材料和组织图案。

0663

阻滞剂还包括地面下材料。“非花园”（Not Garden）项目用激光切割机切割土工布（杂草控制屏障）的圆圈。这种阻滞剂为指导植物生长提供了无形的控制。

0664 ▲

“红外花朵”（ infra-blooms ）项目起到净水系统的作用，用于收集和过滤雨水，几天后将其引回桥上然后流入哈莱姆河。这种雨水滞留（既从暴雨到水从桥梁流下之间的时间间隔）恢复了河流的存在，并建立了河流和渡槽之间先前缺失的连接。

0665 ▲

我们的“非花园”项目被认为是城市空置场所的原型。按此方法采用常见材料可以用非常低的投资、投入、安装技能或低强度长期维护来产生多样化的配置。一个更加视觉化的和受控制的空间似乎更受关注。

0666 ►

我们受到数字媒体和制作潜力的启发，扭曲了景观建筑中常用的材料。今天的先进软件和硬件使我们能够重新解读传统技术，以探索新的空间、视觉和功能表达。

花瓣类型：水池

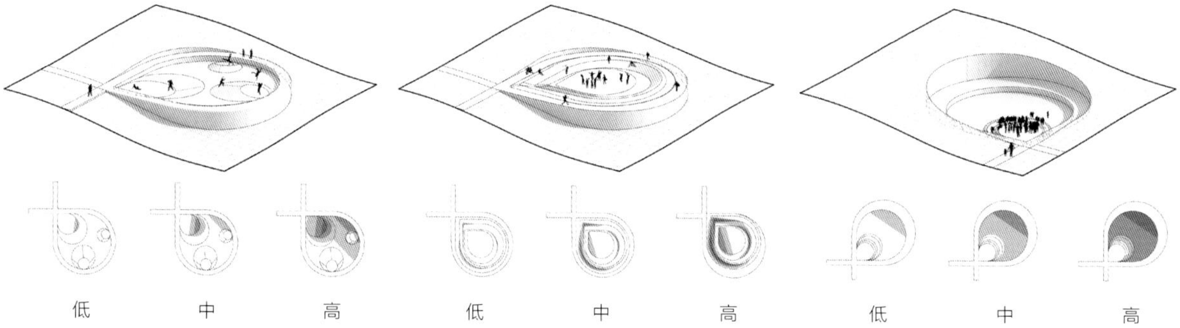

低 中 高 低 中 高 低 中 高

花瓣类型：水坑

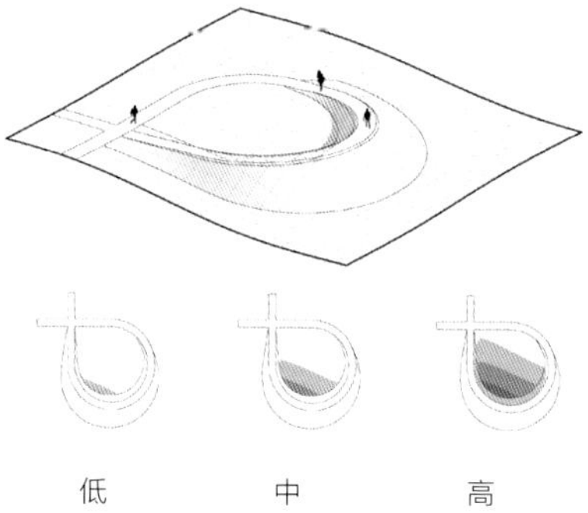

低 中 高

花瓣类型：池塘

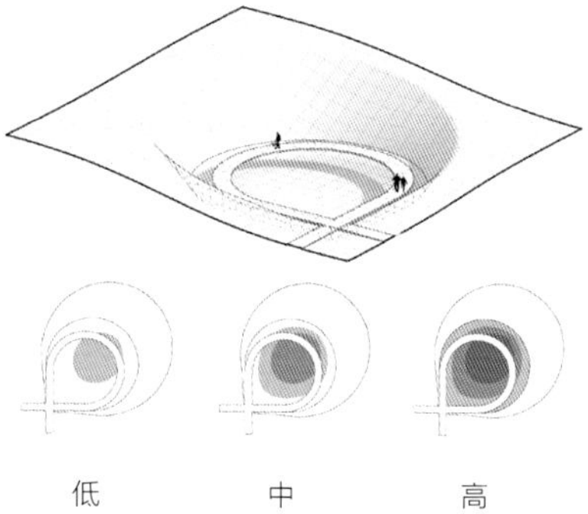

低 中 高

0667

虽然无可否认是图形，但图案不一定是单一的或规则的。它可以适应广泛的地形和物质条件。因此，我们的“红外花朵”项目通过各种雨水收集、处理和分配的阶段创造了各种功能性和保护环境的机会。

0668

图案可以有效地在各种规模同时操作。波纹效果的花瓣图案被用于以一致的几何语言均匀地构成建筑、桥梁和景观组织。这些“红外花朵”源于现有桥梁的线-弧形状，充当艺术和环境表现的收集器，可汇集人流、活动和水。

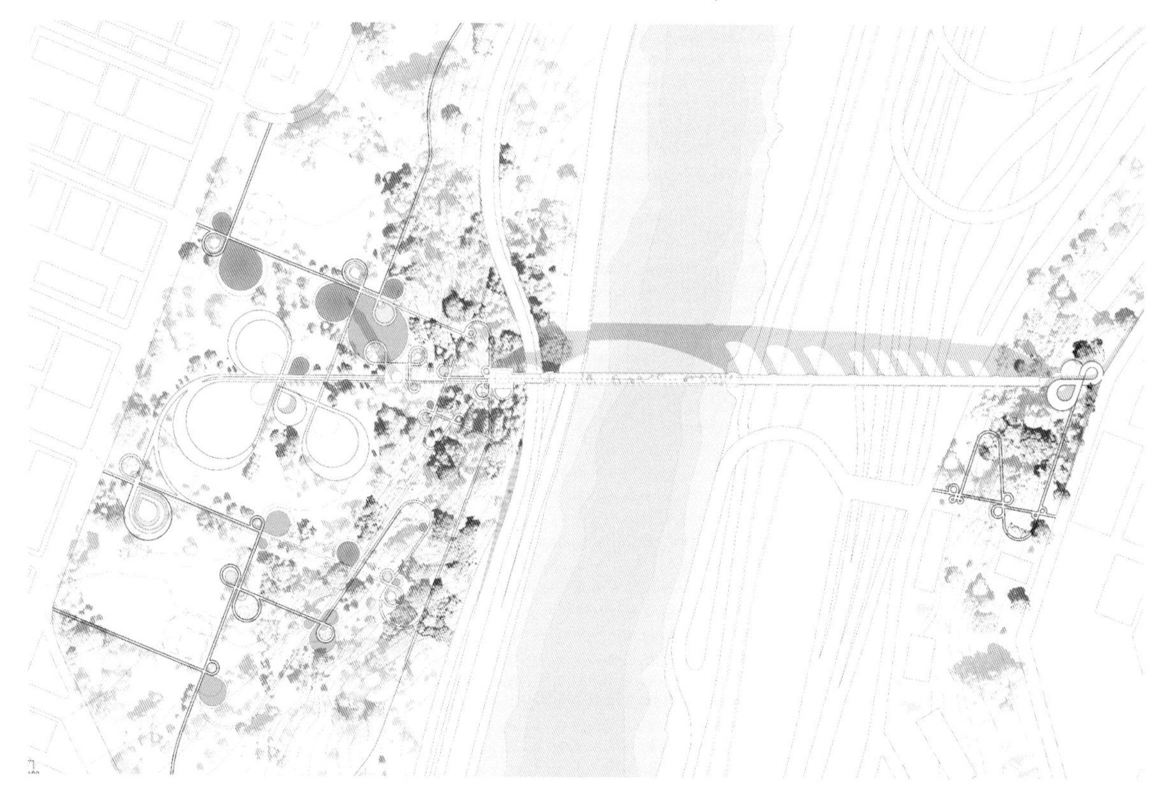

0669

广场由四英尺（约1.22m）模块上的混凝土“砖块”组成。每个砖块有两个变量，一个在X轴上，一个在Z轴上，这使得非重复开口出现在整个表面上。广场的表面由192个预制砖组成，这些砖由10个独特的模具制成。砖表面的弯曲有助于将水引入种植区的缺口中。

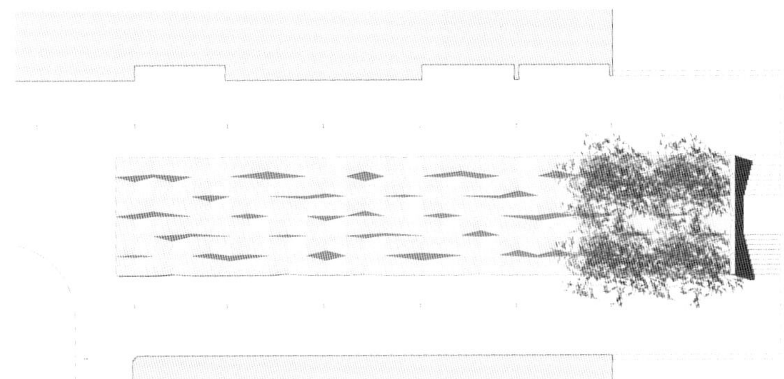

0670

扭曲变形是夸大表面性质的一种有效方法。密斯·凡德罗广场（与PLY建筑事务所合作完成）通过一系列精确控制的操作使排水可见。通过在平面和剖面上扭曲地砖，表面的扇形斜面代表典型的看不见的水流。

R&R Rencoret y Ruttimann Arquitectura y Paisaje

智利

Nueva Costanera, 3698 Of. 604, Vitacura
Santiago, Chile
Tel.: +56 2 365 9162
www.rencoretyruttimann.cl

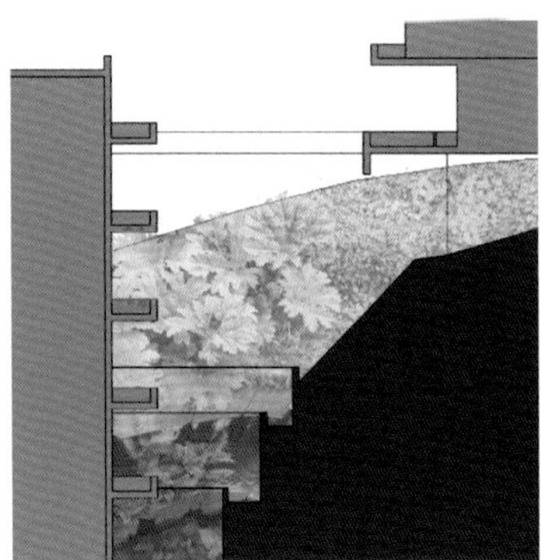

0671

主要元素：获取项目现有元素并在项目中充分利用它们。它们可能使项目具有吸引力，但不浪费大量精力就能完成典型的工作。在海边的这些建筑物区域，有一处他们想排干和用管道输送的泉水。相反，我们围绕水这个主题提出了一个台地庭院的设计方案。

0672

借景：通过添加项目周围的景观元素作为项目景观的一部分，我们使项目所使用的场地超出了其限定的范围。试图通过捕捉环境的方式（例如框架和引导视线）使景观更接近我们，使其可被理解，并使小空间获得一种地理维度。

0673

项目中的固定元素：为了确保我们景观作品中主要概念的持续时间，我们建立了一些固定的元素。他们在场地上建立了一个新的构筑物并为该计划提供支持。还有一些可变元素，这将随着时间的推移而发展，不影响最初的概念。

0674

与环境保持一致：项目不是孤立的对象，而是构成感知、功能和自然关系及过程系统的一部分。必须注意不要妨碍这些关系，允许它们的连续性和对环境的贡献。考虑土地赋予我们的质感、颜色、植被和土壤的信息是项目开始的一个起点。

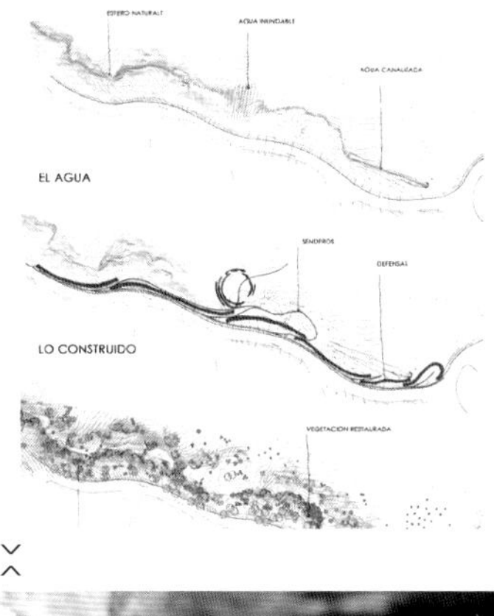

0675

意想不到的美：风景不是静态物体，我们不希望我们的项目都是千篇一律。转换和创新，独立于设计师的元素，使空间有了意想不到的美。

0676

该项目在土地上开始和结束：该项目从现场观察开始，在办公室设计发展并在场地上结束。施工阶段保持一定程度的灵活性是基本的，因为会出现无法预测的方面，如果适当整合这些方面，则不会带来问题，反而会进一步丰富项目的最终结果。

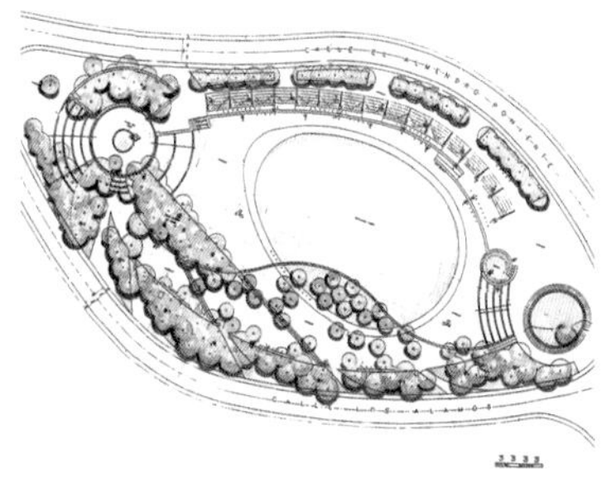

0677

城市规划与景观设计不是对立的：景观与城市化的结合将空地转化为城市的转型要素。园林作品不是城市构造中的一块未受触动的自然景观，它是一个将动态环境过程与城市形态联系起来的公共空间，能够体现当地自然景观条件，供使用者享受。

0678

细节的息息相关：我们不仅要关心项目的大结构，还要考虑到在工作中涉及的所有元素和材料的选择是一致的。要结合不同的材料和饰面。细节决定了景观作品的特征。

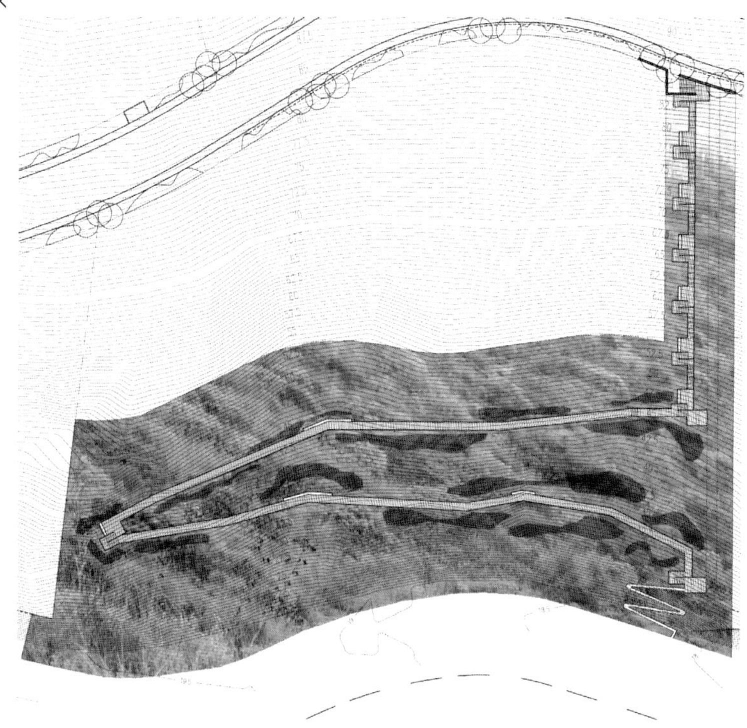

0679

通过对比加以突出：有些干预措施通过对比突出自然景观，与地理对话而不与之竞争。在这种情况下，作品与景观分别得以强化，并使自然系统维持原状。从地面抬高的人行道使游览者获得新的视野，在这个过程中地形获得了新的优势。

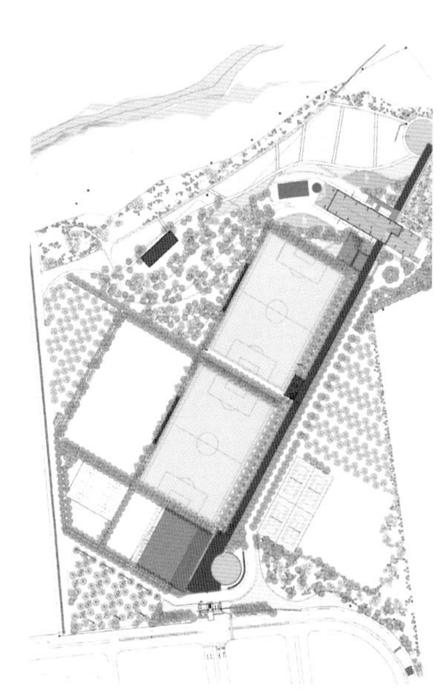

0680

深度：绘制长线可以在项目中创建深维度，避免过度碎片化。需要考虑所有可用的土地，不是仅仅占据场地，而且要引导视线，创造空间的张力。

Rankinfraser Landscape Architecture

英国

77 Montgomery Street
Edinburgh, EH7 5HZ Scotland, United Kingdom
Tel.: +44 13 1558 5433
www.rankinfraser.com

0681

场地：一切从场地的独特性开始。我们有兴趣针对多层面的景观进行工作，如地质的和历史的；在本案例中，真正有很多空间层面，从高速公路的高架到地下通道的不同空间层面切入了地面。

© Dave Morris Photography

0682

地毯：解决现存的问题。为了开辟空间，缓解原有地下通道的幽闭恐惧感，我们在人行道上铺设了一条“地毯”，并在堤岸的一侧改造了物理空间质量和令人不愉快的封闭空间。

0683

文脉：限定你的文脉。每个项目都必须被视为更广阔文脉的一部分。在这种情况下，地下通道的再生形成了从格拉斯哥市中心到福斯和克莱德运河的一部分。

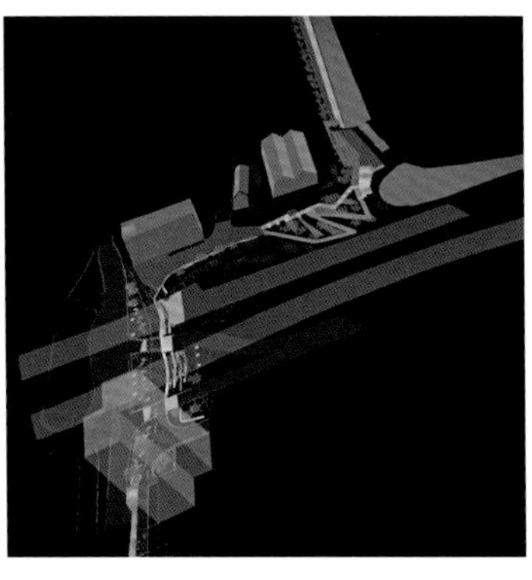

0684

地质学：揭示场地质量。我们想要表达对切入大地的感受，揭示地质情况和建造高架公路的基岩。

© Dave Morris Photography

0685

材料：选择适合场地条件的材料图板。精心挑选的材料包括施工期间从工地挖出的石料、在不同条件下将以不同的方式风化的耐候钢以及在阴凉和干旱这种周期性条件下可以茁壮成长的植物材料。

0686

反差：有时“大声喊叫”。故意用一系列“喧闹花哨”的超大垂直照明“花朵”与种植台地的水平性形成对比。这些花是由我们的合作伙伴7N 的设计师设计的，并参考了凤凰公园，该公园在高速公路建设之前占用这个场地。

© Dave Morris Photography

0687

滑板：鼓励功能的多样性。新的空间已经被城市中玩滑板的人所占领。为不同类型的道路使用者增加了用途和安全性。

0688

自然与人工：保留与更新。我们尽量保留现有的树木，与彩色照明花朵的人工性相辅相成。

0689 

照明：考虑该空间将如何在夜间发挥作用。夜间照明改变了该空间。

0690

休息和跑步：挑战先入为主的观念，除了过渡空间，地下通道已经成为人们可以停下来休息、吃午饭、逃离城市的目的地。

Rehwaldt Landschafts Architekten

德国

Bautzner Straße 133
01099 Dresden, Germany
Tel.: +49 351 8119 690
www.rehwaldt.de

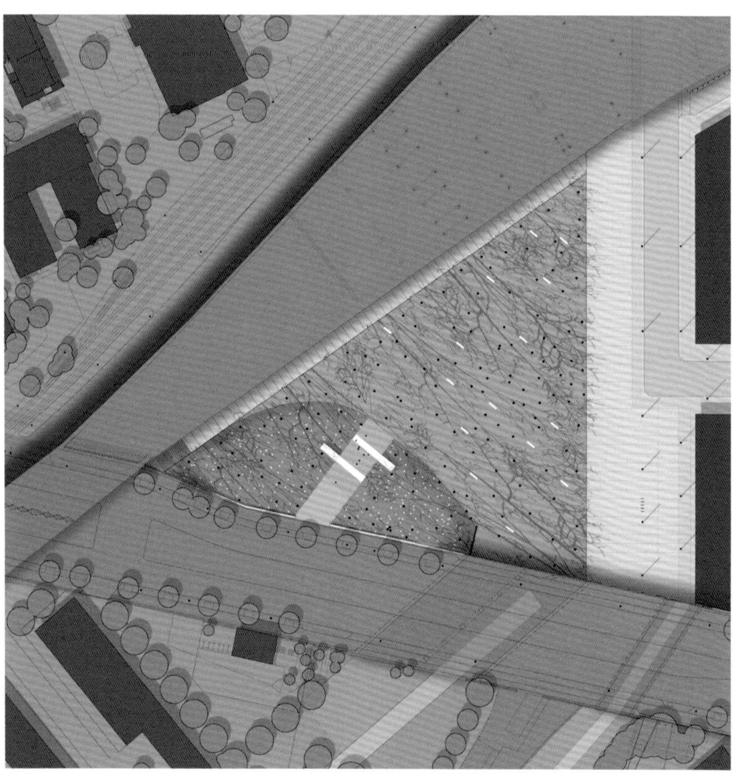

0691

花园：花园是小景观。概念想法通过种植进行表达。在这里，自然不单是绿色的，而是丰富多彩的。

0692

公园：通过设计公园，我们在城市里创造了一个“绿色空间”。它包括宽敞的空间和美丽的背景。座椅家具、桥梁或其他物体突出了公园空间，给予了深度和方向。

0693

文化变迁：人工景观是人为的。我们必须接受它的永恒不断的变化，使它成为当地景观的主题。

0694

水的复活：水就是生命。在它流动的地方，它应该成为任何景观建筑概念的基本要素。

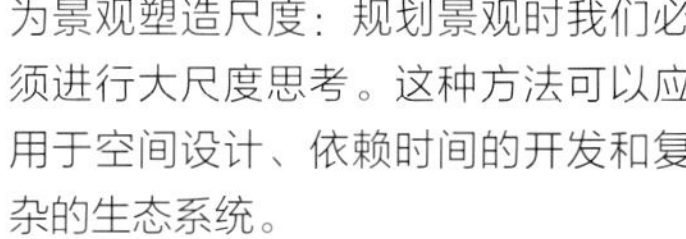

0695

为景观塑造尺度：规划景观时我们必须进行大尺度思考。这种方法可以应用于空间设计、依赖时间的开发和复杂的生态系统。

0697

历史文脉：有些地方有着悠久的历史。我们可以在开放空间中探索和记录它。这样，开放空间就变成一本开放的“历史书”。

0696

城市广场：我们在城市广场上行走时，我们处于公共空间。概念设计展示了文化身份，展示了历史链接，形成了一个多用途的开放空间。

0698

概念与细部：从概念到细部。设计必须遵循它的想法到最后一个螺丝。植物、材料和颜色必须相辅相成。

0699

游戏区：不仅孩子喜欢玩。现代的游戏概念必须解决所有年龄组的问题。他们可以通过个性化设计加强场地的个性。

0700

人工世界：休闲区是人造景观，是梦幻景观。使用植物和材料，我们会创造遥远地方的幻觉和远离家园的感觉。

RGA Arquitectes

西班牙

Muntaner, 320, 1r 1a
08021 Barcelona, España
Tel.: +34 93 414 19 54
www.rga.cat

0701

阻止潮流：一次性的令人难忘的工艺品，可以让短暂的事件在不同的风景中相互延续。巴塞罗那，卡内特摇滚音乐节，1975年（*Canet-Rock Music Festival. Barcelona, 1975*）。

0702

体块和涂层之间、有机和结晶之间、天然和人造之间的共存试验。地平线上的太阳指引着一切。巴塞罗那，the Ronda de S'Agaró修复，1996年（*Rehabilitation of the Ronda de S'Agaró. Barcelona, 1996*）。

0703

诗意策略的技术种子：在不破坏的情况下建造，不用暴力而添加，没有踩踏而穿越。没有物质而持续。特拉萨，瓦拉帕拉德的行人天桥，2002年（*Pedestrian Footbridge in Vallparadís. Terrassa, 2002*）。

0704

与自然合作但不完全相似。巴塞罗那，维克，马拉市公墓，1982年（*Malla Municipal Cemetery. Vic, Barcelona, 1982*）。

0705

分隔天空、海洋和陆地的两条地平线：最近的地方是我们的家，最遥远的地方是适宜居住的幸福的承诺。这是宇宙无限连续性的精彩样本。巴塞罗那，the Ronda de S'Agaró修复，1996年（*Rehabilitation of the Ronda de S'Agaró. Barcelona, 1996*）。

0706

为了追求连接模式而不断重新组合的时间片段：对新事物的赞美和对旧事物的爱。特拉萨，桑特-德拉塔拉教堂历史建筑遗址的开发。2009年（*Development of the site of the historic buildings of Sant Pere de Terrassa Churches. Terrassa, 2009*）。

0707

不存在的存在和力量的沉静：记忆与欲望、忧郁与承诺。进入每个景观的不可见部分的意愿。巴塞罗那，三座烟囱花园，1994年（*Les Tres Xemeneies Park. Barcelona, 1994*）。

0708

春天、夏天、秋天、冬天：变化和交流的出现符合景观的空间-时间。特拉萨，瓦拉帕拉德的行人天桥，2002年（*Pedestrian footbridge in Vallparadís. Terrassa, 2002*）。

0709

嫁接以生活在风景中。当场地成为景观，并且当生活问题的复杂性与相应的优先级提高时，通过再利用先前存在的农业类型并利用其宜居品质，可将任何地块转变为属于特定景观的特定地点。桑特·佩雷·佩斯卡多尔的住宅和酒店发展提案，2009年（*Development proposals for housing and a hotel in Sant Pere Pescador, 2009*）。

0710

新的突发事件从裂缝和先前事实的痕迹中萌发出来，一次又一次地出现在一个持续循环的宇宙过程中。特拉萨，桑特-德拉塔拉教堂历史建筑遗址的开发。2009年（*Development of the site of the collection of historic buildings of Sant Pere de Terrassa Churches. Terrassa, 2009*）。

Rijnboutt/
Arch. Richard Koek

荷兰

Barentszplein 7, 1013 NJ
Postbus 59316
1040 KH Amsterdam, The Netherlands
Tel.: +31 20 530 48 10
www.rijnboutt.nl

0711

公共空间可以作为城市区域的一种起居室。当空间包含惊喜时，它变得美丽。海格施霍夫的水塘为宁静和戏剧创造了一面镜子，通过自然材料的运用而强化。池塘很浅，四周都是银色的石板和不锈钢。海牙，海格施霍夫住宅区（*Haegsch Hof, The Hague*）。

0712

这是在极端的城市场地内的自然，其通过在种植带中收集大量城市树木而形成。同一品种的树没有重复。这是一个城市火车站与城市结构的过渡区之间的城市树木园，有时这里过于拥挤，有时无人使用。天然石材和深灰色钢是大自然表演的背景。阿姆斯特丹，南广场（*Zuidplein, Amsterdam*）。

0713

如果拥有生动的路面，公共空间即使在没有人时也有闪光的气氛。不同颜色的砖铺装与天然石材线条结合，为新的内城区创造一个令人兴奋和美丽的地面。海牙，居住区（*De Resident, The Hague*）。

0714

常见的手法和材料产生强烈的效果。围绕1.4hm^{2}公园的温暖的红棕色框架使水、植物和路面得到统一。有果树的露台区、有梧桐树的砾石广场、有落羽杉的池塘、喷泉和芦苇堤以及花境，所有这些都与宽阔的木板路相连。罗森达尔，利帕帕克（*Ligapark, Roosendaal*）。

0715 ➤

黑色和黄色是在20世纪70年代建成的、缺乏色彩的郊区中心重建中使用的仅有的两种颜色。铺装由这两种颜色的不同材料构成，并且以不同的方式组成和混合。其间的元素（一件现存的纪念性艺术品）倒映了周围的环境。武尔登，莫伦维利特（*Molenvliet*，*Woerden*）。

0716

与水结合的设计总是令人鼓舞。边界、过渡、标高变化、声音、倒影和气味提供了平静、空间质量、特色和氛围。即使是在地下车库的顶部创造出来的水，也总是自然的。祖特梅尔，萨瓦办公园区（*Sawa office park, Zoetermeer*）。

0717

真实的天然材料的构成和使用，在很大程度上决定了城市环境的触感。木制平台用宽阔的硬石镶边框，在倾斜的草坪上略微下沉。阿珀尔多伦，德斯塔德豪德（*De Stadhouder, Apeldoorn*）。

0718

在任何私人花园里，宽敞开阔都很难得。人工方式意味着框住自然。严谨的木材线条与自然的多彩活力形成鲜明对比。水强化了第三个维度。海牙，私人花园（*Private garden, The Hague*）。

0719 ➤

经典的空间并不总是乏味的。由一组直线、弧线、高差组成，玩味于对称和不对称之间，经典的椭圆形变成了动感的广场。细节补充了永恒的品格。所有的广场都应随时准备成为城市剧场。里德凯尔克，孔宁斯克莱因（*Koningsplein, Ridderkerk*）。

0720

天然石材一直是一种极好的材料。每块石头都不同，铺装图案通过石头上的图画获得额外的品质。如果妥善铺设天然石材会持续数百年。各种情况下的天然石材都提升了公共空间的体验。海牙，洛斯德伊嫩（*Loosduinen, The Hague*）。

Rios Clementi Hale Studios

© Ryan Schude

美国

639 N. Larchmont Blvd., Suite 100
Los Angeles, CA 90721, USA
Tel.: +1 323 785 1800
www.rchstudios.com

0721

讲故事：通过对特定场地和功能的多层故事的理解，使景观对使用者有意义。加州捐赠基金的使命是服务于所有加州人的健康，这被以多种方式赋予了物理形式，包括使用该州各地有特色的植物。美国，洛杉矶，加利福尼亚捐赠基金（*The California Endowment, Los Angeles, USA*）。

© Lisa Romerein

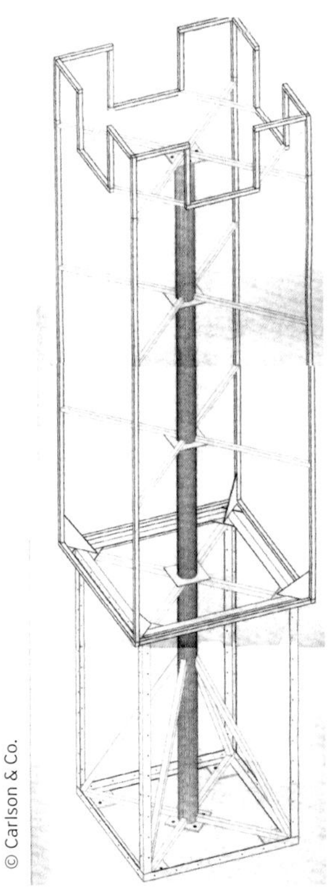
© Carlson & Co.

0722

创新预算：寻找设计/制造方案以用小预算做大事。寻找一种不同寻常的制造业或建筑业参与到这个项目中的方式。在格伦代尔的象棋公园，我们没有通过几个行业，而是直接与一名艺术制作者合作，创作了巨大的合成帆布灯笼雕塑，并将其安装到位。美国，格伦代尔，布兰德大道的国际象棋公园（*Chess Park at Brand Boulevard, Glendale, USA*）。

© Tom Bonner

0723

简约：大型简约的开放区域，如天空、倒影的水面、大量的植物，强化了这样一种观点，即有时当它简单而广阔时，景观效果最强。设计动作越少，景观越令人印象深刻。大规模种植可以模仿自然，在只有少数物种的地方可以构成植物群落。美国，比佛利山庄，私人花园（*Private Garden, Beverly Hills, USA*）。

0724

互动：让公众参与直接活动。景观的每个访客如何影响其设计？每个到更衣室的客人都有机会把他们的愿望写在一个盘子上，并把它放在空间里，成为设计的一部分。美国，索诺玛，科纳斯通花园节的更衣室（*Changing Rooms at the Cornerstone Festival of Gardens, Sonoma, USA*）。

0725

框架创建：即使你现在没有时间或预算来完成整个项目，也要定义你的终极景观愿景，并分阶段构建它。自然景观是一个过程。记住，伟大的风景永远不会“结束”，但它应该有一个强有力的框架来为它的发展赋予一种形式。美国，史坦顿岛，弗莱斯垃圾场竞赛，公园（*Park, Fresh Kills Landfill Competition, Staten Island, USA*）。

0726

场所精神：当文化历史通过互补的景观增强时，可以创造出超越定义的景观，给参观者留下不可磨灭的印象。地铁车站的材料选择受到电影行业的魅力和怀旧（“红地毯”和“黄砖路”）及该地区艺术装饰风格影院的引导。美国，洛杉矶，好莱坞和藤街地铁入口广场（*Hollywood and Vine Metro Portal and Plaza, Los Angeles, USA*）。

© Tom Bonner

© Scott Shingley

0727

目的地创建：将未充分利用的空间转化为充满活力的社区区域。为了使生活回到未充分利用的“间隙”空间，拥有具有活动需求的一个真实的或假设的观众是有帮助的。有目的的活动会给人一种安全感，激发更多的人参与其中。人们喜欢去的地方往往光线充足，并有可以进行私密和大型团体聚会的区域。美国，芝加哥，昆西庭院（*Quincy Court, Chicago, USA*）。

 0728

感性：最令人难忘的风景是激发性的和非常感性的。这就是为什么照片很少捕捉到花园的精华。试着记住声音、水和空间中的人产生的影响。玩点有质感的植物，从柔软的羔羊耳朵（白花水苏）到有尖刺的大戟属的植物。美国，西好莱坞，私人花园（*Private Garden, West Hollywood, USA*）。

© John Ellis

0729

多功能设计：设计多功能的户外家具：花盆、凳子、桌子。在韦斯特菲尔德世纪城，大型种植园为城市带来了所需的绿色植物背景，同时也是购物中心使用者聚集、休息和放松的好地方。美国，洛杉矶，韦斯特菲尔德世纪城（*Westfield Century City, Los Angeles, USA*）。

© Tom Bonner

© Tom Bonner

0730

限制条件=设计机会：限制条件（如规范和法规、预算或苛刻的客户）不应被视为障碍，而应被视为解决可能的难题的起点。美国残疾人法案的身体需求激发了LAC+USC医疗中心的带有一条微倾坡道的景观。美国，LAC+USC洛杉矶医学中心（*LAC+USC Medical Center, Los Angeles, USA*）。

RMP Stephan Lenzen Landschafts Architekten

德国

Klosterbergstraβe 109
53177 Bonn, Germany
Tel.: +49 228 952 570
www.rmp-landschaftsarchitekten.de
www.rmp-la.com

0731

景观设计师用作品触发和感动人们。我们针对他们对大自然的渴望和对风景的渴望“玩”设计。T-Mobile城（*The T-Mobile City*）。

0732

植物是我们工作的中心。这里建筑的方法使我们可以利用植物的野生品质并使之有序。T-Mobile城（*The T-Mobile City*）。

0733

我们所产生的影响的质量主要是基于对所创造的内容的尊重以及不断进行实验以寻找新的东西并促进更新。T-Mobile城（*The T-Mobile City*）。

0734

季节的循环向我们展示了如何体验时间：成长、成熟、死亡和重新开始。美因河畔法兰克福，节日大厅（*Festival Hall, Frankfurt am Main*）。

0736

关于风景园林、诗歌、真理和美的思想和抱负可以写出很多东西，然而机会、快乐和自发性也是设计及其成功的一部分。美因河畔法兰克福，节日大厅（*Festival Hall, Frankfurt am Main*）。

0735 

我们不认为景观设计单纯是艺术，而是创意工程和园艺工艺的完美结合。戴克田地（*The Dyck Field*）。

0737

我们创造一些吸引人的方式，通过一些形式和材料让人们花时间来体验空间，这些形式和材料既彼此不同，又相互补充，并且总是形成一个整体。这就是我们如何实现激发人类感知的同一性和二重性，激发活力和美。戴克田地（*The Dyck Field*）。

0738

没有光就没有阴影，没有黑暗就没有光明。对立创造紧张、运动和实际的活力。前提是每一个极性都应该是真实和简单的。应该使它们可以识别并可以开放体验，可以是单独起作用，也可以共同起作用。戴克田地（*The Dyck Field*）。

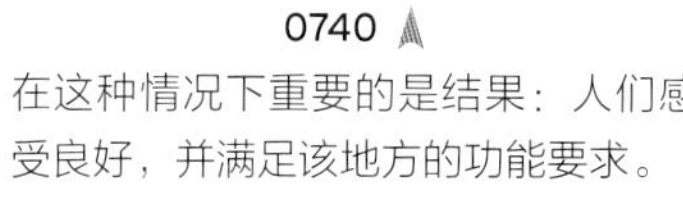

0740

在这种情况下重要的是结果：人们感受良好，并满足该地方的功能要求。

0739

我们通过加强现有内容和有针对性地使用新事物来吸引注意力并创造生动的存在感。

Sasaki

美国

64 Pleasant Street
Watertown, MA 02472, USA
Tel.: +1 617 926 3300
www.sasaki.com

0741 ➤
石头、混凝土和木材的诗意使用可以创造与其建筑和自然环境相结合的景观，并给人们提供巨大的聚会空间。圣心（*Sacred Heart*）。

0742 ➤
城市空间需要被视为多用途的城市基础设施，能够容纳城市居民的日常活动和主要的市民聚会。必须由最耐用的材料和构造工艺组成，使其能够在居民喜欢的功能空间中使用。国家港口（*National Harbor*）。

◄ 0743
整合功能和设计可以将实用空间转变为独具特色的优雅场所，同时适应各种活动模式。贝茨步行街（*Bates Walk*）。

0744 ➤
棕地场地（建设过的和重建土地）提供了机会以唤起人们对自然环境、历史和文化的理解。它们可以被构想以服务和引导新的环境遗产。对于有意义的公共空间至关重要的是，这些干预继续进行社会文脉和场所感的对话，这是强有力的设计叙事和持久的设计解决方案的基础。洛杉矶港（*Pola*）。

◄ 0745
要达到景观质量应要求设计团队具有战略性、灵活性、参与性和持久性。相信你的直觉——在设计过程中，你的客户是你最重要的关系和最伟大的盟友。

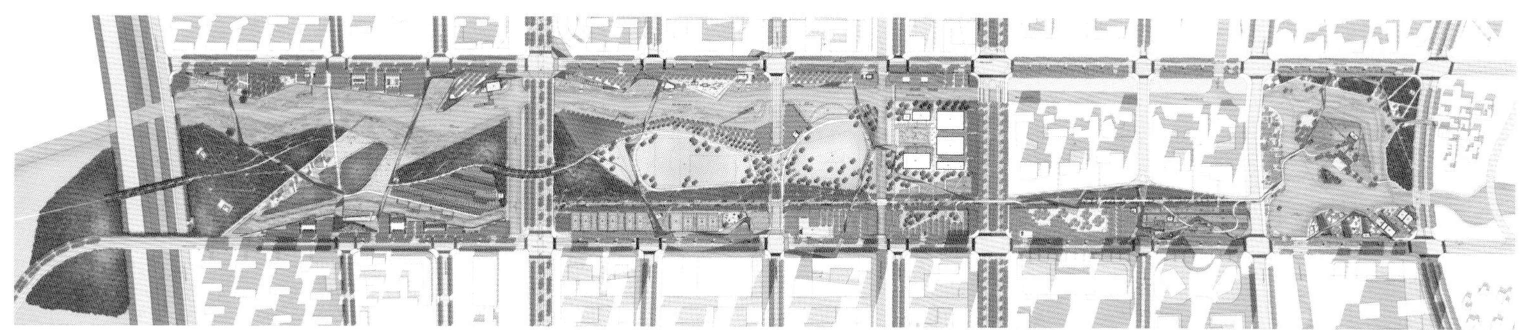

0746

现代景观建筑既是地方性的，也是全球性的。了解场地的独特文脉并将其文化融入设计至关重要。设计必须源于对地域、文化、使用和设计师沉浸其中的众多其他因素的深刻理解，以及良好的态度和向当地人学习的意愿。嘉定（*Jiading*）。

0747

景观设计师的独特地位是帮助城市在面对老化的基础设施和气候变化的影响时变得更具弹性。锡达拉皮兹（*Cedar Rapids*）。

0748

在数字可视化工具的时代，有时最大的突破来自于旧的模拟技术。在绘图的同时全面检验想法，确保最终设计满足设计意图，并提供有用和舒适的最终产品。康瑟尔布拉夫斯（*Council Bluffs*）。

0749

模糊了风景园林、工程、建筑、城市设计和公共艺术之间的界限，创造塑造城市特征的环境。利用城市投资，核心基础设施可促进发展，以支持城市的经济健康。夏洛特（*Charlotte*）。

0750

城市设计是建筑与景观综合思维的有力论坛。在一定程度上，这是应抓住在区域尺度进行环境可持续设计的机会。三星（*Samsung*）。

Scape Design Associates

英国

Ground Floor West
36-42 New Inn Yard
London EC2A 3EY, United Kingdom
Tel.: +44 207 729 7989
www.scapeda.co.uk

0751

设计成功的关键在于它对空间主要元素的反应，特别是其轴线性质和周围建筑的垂直度使风景可以从前面、侧面和上方进入花园。通过一个由巨大的花岗岩贴面立方体点缀的水槽，创造了一个从各个方向都引人注目的焦点。伦敦，骑士桥，城市发展（*Urban Developments, The Knightsbridge, London*）。

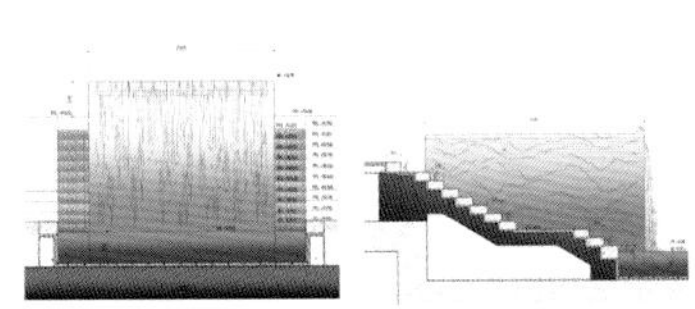

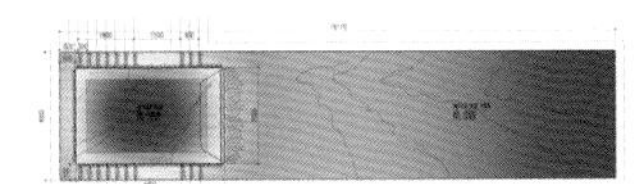

0752

尊重跨文化需求。由于客户需要将风水融入到设计中，用中国龙对来宾表示欢迎。水是景观开发的源泉，提供了希望和活力，同时为城市生活的快节奏提供了平静和安宁的背景。伦敦，骑士桥，城市发展（*Urban Developments, The Knightsbridge, London*）。

0753

在城市发展中，景观应该反映和尊重周围建筑的美感。这里的景观映衬了建筑时尚的透视角度，强调了建筑简约优雅的性质。伦敦，骑士桥，城市发展（*Urban Developments, The Knightsbridge, London*）。

0754

建设度假地是一种特殊的场所创造。需要与客人互动才能实现其目的。因此，创造令人兴奋的发现探索的世界，最大限度地发挥使用者的“体验”是其成功的关键。希腊，克里特，阿米兰德斯，度假村设计（*Resort Design, Amirandes, Crete, Greece*）。

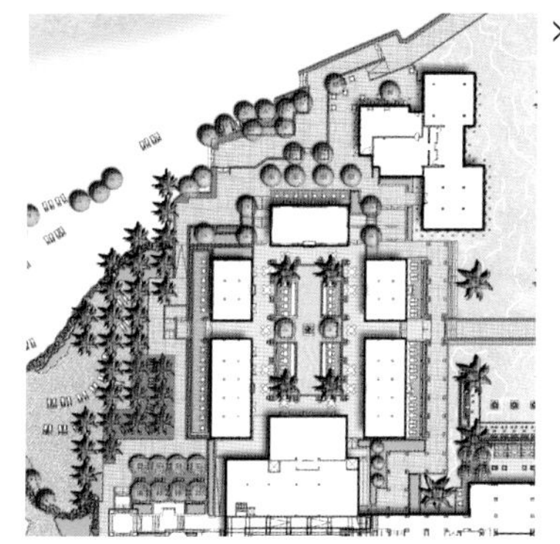

0755

模糊的边界——建筑、室内设计和景观之间的独特协同作用应该通过自然材料的互补使用和简单优雅的细节来进行梳理，引导客人从一个空间到另一个空间。希腊，克里特，阿米兰德斯，度假村设计（*Resort Design, Amirandes, Crete, Greece*）。

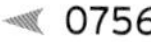 0756

营造浪漫的氛围，供客人放松。这可以通过使用动态照明和诱人的火焰来实现，尤其是使用跨景观越湖泊底部的光纤展示一组灯光照明效果。希腊，克里特，阿米兰德斯，度假村设计（*Resort Design, Amirandes, Crete, Greece*）。

0757

我们从当地的文化中汲取精华，融入国际旅行者的需求，在这样做的过程中，为我们的项目注入了一种使客人沉浸在让他们想起身在何处、为什么会在那里的氛围中。斐济，纳迪喜来登酒店设计（*Hotel Design, Sheraton Nadi, Fiji*）。

 0758

拥有周围自然环境的诗意美、充满活力的大海、雄伟的棕榈树林和原始的沙滩，为客人提供归属感。斐济，纳迪喜来登酒店设计（*Hotel Design, Sheraton Nadi, Fiji*）。

0759

在毗邻42层住宅楼的七层停车场，设计采用最新的屋顶绿化技术，确保种植的植物不仅生存下来，而且能蓬勃生长，同时允许设计大胆的空间表达。中国香港，干德道39号，豪华住宅（*Luxury Residential, 39 Conduit Road, Hong Kong, China*）。

0760

直线条和平面的构成，尺度合宜的、均衡的空间，优雅的细节与中央游泳池的动态醒目形式相结合，所有这些都围绕着一个由跌水水景所终结的中心轴线，为现代奢华设计的典范。中国香港，干德道39号，豪华住宅（*Luxury Residential, 39 Conduit Road, Hong Kong, China*）。

Schweingruber Zulauf Landschafts Architekten

瑞士

CH-8048 Zürich, Switzerland
Tel.: +41 43 336 60 70
www.schweingruberzulauf.ch

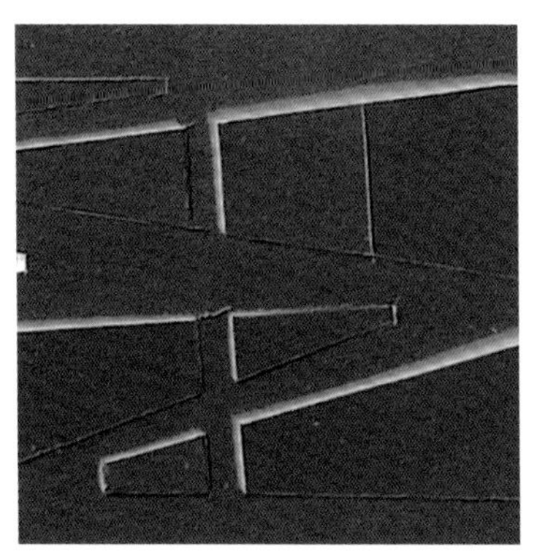

0761

重新开始：每个场地都呈现出我们从来未经历过的挑战。需要一种在设计过程中不断发展的特定的设计方法，通过经验使这种发展贯穿项目的各个阶段。捷克共和国，布拉格，河流花园，概念模型（*Concept model, Rivergardens, Prague, Czech Republic*）。

0762

历史：每个场地讲述着不只一个故事。今天我们设计的场地在历史上曾是各种不同的功能用地的一部分。作为设计师，我们要在其历史的基础上增加一个层面。像翻译工作者一样，我们选择对故事的哪些方面进行挖掘并使其延续下去。德国，奥斯纳布吕克，卡尔克里泽博物馆和公园（*Museum and Park Kalkriese, Osnabruck, Germany*）。

0763

社会因素：途经、穿越或者使用儿童活动场、享受您的休闲时刻——每个场地都呈现为在空间中有多个利益相关方的复杂环境，活动赋予公共空间以生命，使其安全，主要利益相关方的早期参与是公共空间成功的关键。瑞士，苏黎世，奥利克公园（*Oerliker Park, Zürich, Switzerland*）。

0764

概念工作：在早期花费时间用于发展有力的设计概念有助于后期项目各阶段的工作，在后期的所有设计修改都将会易于实施和沟通。瑞士，巴塞尔动物园，犀牛围场墙（*Wall rhinoceros enclosure, Zoo Basel, Switzerland*）。

0765

种植：植被选择是定义空间未来个性的关键因素，植被在空间中随着季节持续改变颜色、声音和香味，塑造着参观者和使用者的体验和记忆。根据空间的景观环境，需针对空间的个性对植物进行有针对性的布局和选择。瑞士，苏黎世，菲格区（*Pflegi-Areal, Zürich, Switzerland*）。

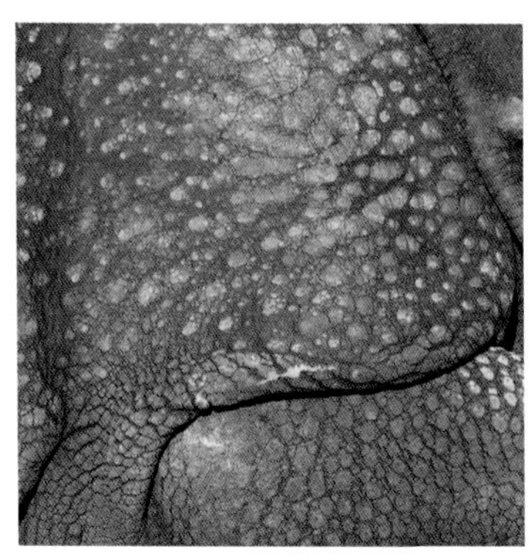

0766

纸板、沙子、黏土……除了手绘草图，制作模型在我们的设计过程中是很重要的。模型有助于我们在推进设计的过程中理解空间关系，同时使我们更好地与客户沟通我们的设计理念。瑞士，乌斯特，齐薇格公园模型（*Model Zellweger Park, Uster, Switzerland*）。

0767

材料运用：在材料选择上，除了可持续发展方面的考虑，设计不能止步于石材、沥青等的选择。在项目中对材料进行运用（切割、铺设、混合等），可以增加空间的识别性。瑞士，施梅里孔，堤坝对面的风景（*View across embankment, Schmerikon, Switzerland*）。

0768

时间：景观随季节变化而不同，公共景观周围的城市环境不断变化，我们对一个空间的感知也随着年代的变化而改变。我们的设计目的是为场地设定基本的规则，同时，使空间仍然有余地应对新的变化及不可预见的事件发生。瑞士，苏黎世，瓦瑟法布里克的低潮和高潮堤坝（*Low and high tide at Fabrik am Wasser, Zürich, Switzerland*）。

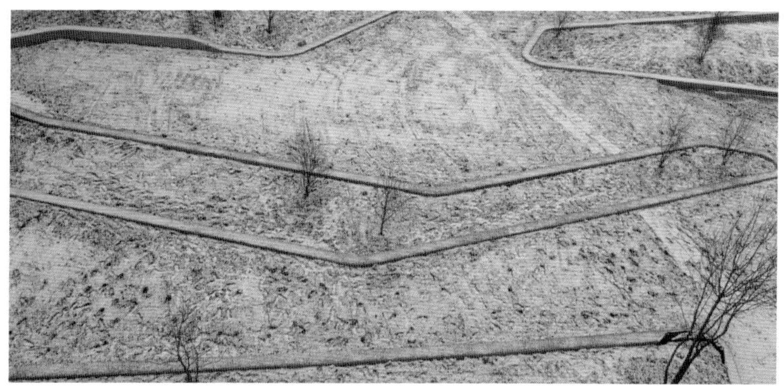

0769

塑造：地面表层是复杂的元素。其呈现材料、历史和地质等多个层面——本质上是特异性。场地通过其形状给设计师以启发，这通常都表现为自然形式。其中有些元素需要取消而其他元素可加以指出、叠加及重绘。瑞士，美世区巴登墙布局鸟瞰（*Aerial view wall layout in Merker Areal Baden, Switzerland*）。

0770 

单体：景观、草坪公共空间通过各种活动获得活力。家具元素是景观组织使用和居住功能的工具。如同种植和材料，家具元素设计概念的实施使其融入整体结构，自然而然成为活动的焦点。瑞士，乌斯特，城市公园座椅元素（*Seating Elements for Stadtpark, Uster, Switzerland*）。

Sean O'Malley/SWA Group

美国

2200 Bridgeway Blvd.
Sausalito, CA 94966, USA
Tel.: +1 415 887 4242
www.swagroup.com

0771

现状平坦的场地的堆山概念；让手动起来并讲述故事而不必过多考虑。平衡和构图在早期阶段更为重要，到后期再考虑技术方面的事情。

0772

为人工岛屿做的简单明了的新的山体分布示意图；黑白的灰色调是有效的。

0773

从你身边的一切获取灵感——这是我女儿的一幅画，完全不受约束。

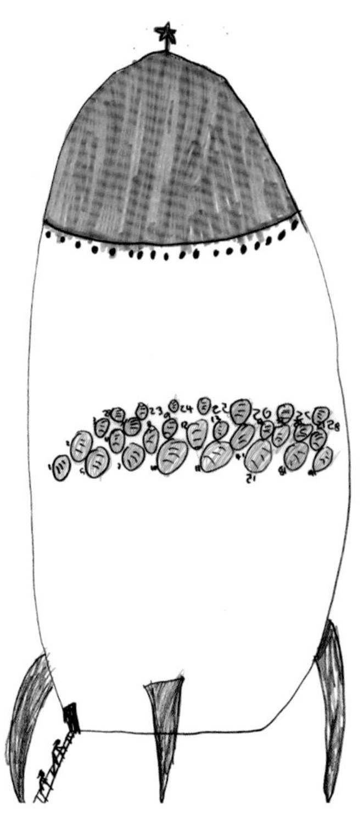

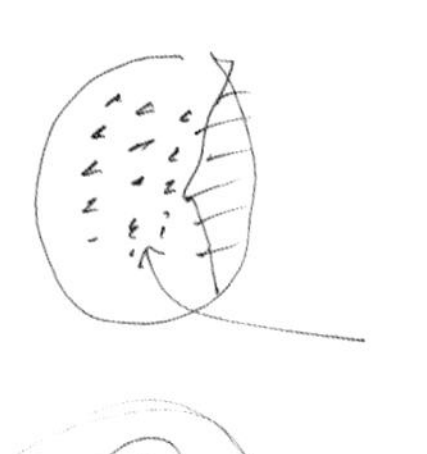

0774

自由探索和表达很重要！不要因为草图的外观而中断。

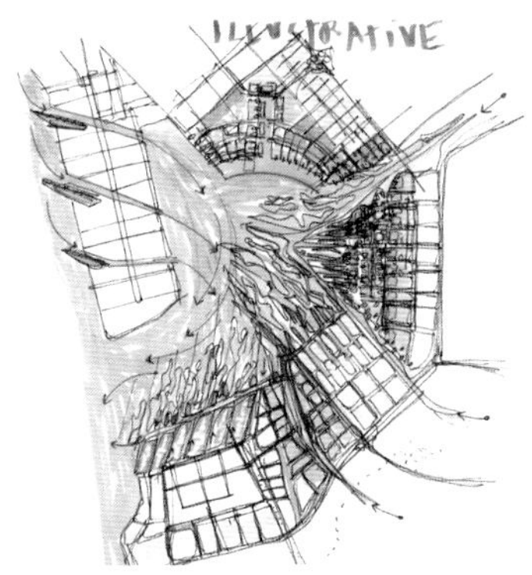

0776

城市作为滩涂膜的示意图。捕捉水的运动比工程化的街道网格更重要；用颜色来区分不同的区域。

0775

威斯康星的综合农业和集合住宅的构想……快速画！

0777

受场地文化和文脉的启发——在线条的本土化表达中找到意义。

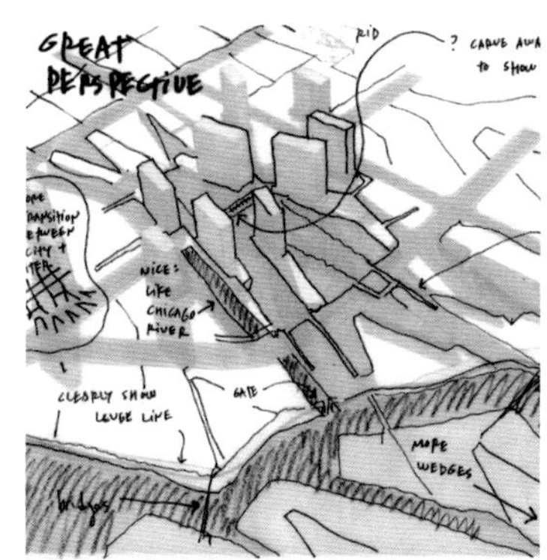

0778

中国大学混合使用的核心区概念；把城市格局图案看作艺术。

0780

保持简单——颜色/形式来解释初始概念（这是一个较大的新城市设计的一小部分）。

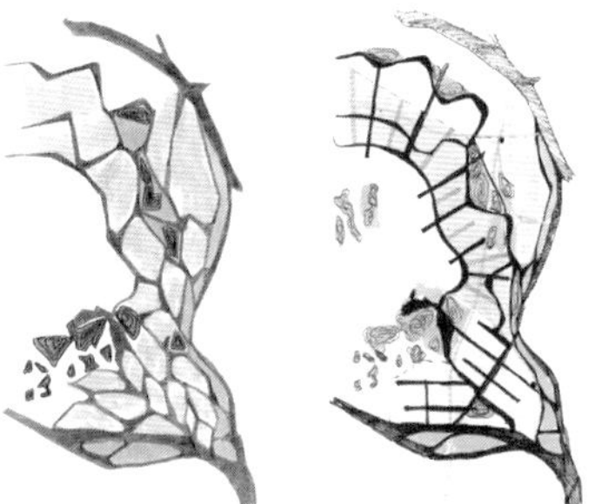

0779

72km²新城的初步方案；清楚的图面示意出水和岛屿。使分析图艺术化！

Shades of Green Landscape Architecture

美国

1306 Bridgeway, suite A
Sausalito, CA 94965, USA
Tel.: +1 415 332 1485
www.shadesofgreenla.com

0783 

选择植物时表现出克制。选择植物很像是去糖果店，很容易做过头。品种有限的植物组合通常能达到更引人注目的植物设计效果。

0781 

寻找机会把尽可能多的自然光引入到小的封闭空间中。这个小小的后院被三层楼房包围着。一道不透明的玻璃围墙将光引入空间。如果采用木篱笆，那么这个花园会令人感到紧张、黑暗和封闭。

0784

使用颜色将设计结合在一起。我们坚定不移地使植物、垫子、墙壁、家具和其他景观小品颜色相似或对比，使之成为独特的体验。

0782

不要害怕颜色。大胆的颜色可以营造空间。现有的灰色混凝土挡墙把这个后院分为两层，是从房屋看出来的主景。我们把墙涂成红色，它就从一个主要问题变成了一个重要的设计元素。

0786

节约用水。在干旱气候下，我们能为环境所做的一件最重要的事情就是使用耐旱植物。有许多美丽的耐旱植物可供使用。

0785

城市地区应尽可能建设透水表面以防止径流和增加地下水渗入。砾石和混凝土的组合是优雅、廉价和实用的。

0787

激活前院。通常在郊区的房屋前面有大量未充分利用的土地。这个空间可以作为居住空间的户外延伸，同时也可以激活邻里关系。

0788

灵感随处可见。我发现摄影、自然、时尚、艺术和城市细节中的图案和理念都为景观提供了新的视角。睁开你的眼睛，敞开你的心灵。

0789

在小空间中利用垂直表面。空间越小，垂直表面变得越重要。垂直表面可以是重要的设计元素，修剪成墙式的果树创造图案并生产食物，当从下面照亮时，纹理竖板可创造夜间气氛。

0790

相信你的本能和直觉。在此过程中迎接混乱，把设计挑战留到第二天解决。

Shlomo Aronson Architects

以色列

PO Box 9685
91036 Jerusalén, Israel
Tel.: +972 2 6419143
www.s-aronson.co.il

0791

揭示隐藏的品质。这个市政公园位于历史悠久的洪泛平原上。大的季节性冬季池塘保护土地免受住房开发，但被广泛地视为蚊虫滋生地。这个地方的独特性及其生态和教育价值必须显露出来，让公众可以接近和接受，同时保持并强调其特性。赫兹公园（*Herzeliya Park*）。

0792

为实现目标的战略规划。决定将最初的40英亩（约16.19hm²）土地设计为一个高强度开发的公园，解决其预计用户的第一波需求，同时鼓励公众及时发现冬季池塘的价值和美丽。我们的期望得以实现，公园的第二阶段围绕生态和教育问题而设计。赫兹公园（*Herzeliya Park*）。

0793

职业责任："在我们这个时代，大部分人都不知道野趣的自然。相反，城市人将自然视为一个人造实体，由其自身的文化来塑造和维护。我们的住宅与横跨大地的大型公路纠缠在一起。这些浩瀚的工程使我们渺小，但我们有责任维持我们所希望的世界。"什洛莫·阿伦森建筑师事务所（*S Aronson*）。

0794

内部和外部之间的边界模糊。在小地块上进行设计时，请尝试打破建筑体块，以创建私人和遮蔽的户外空间。这所房子的所有公共房间都在一个狭窄的地段，围绕着一个有树的中庭。一个高大的空间面对着这个院子，当人们走进房子时为之惊叹。哈达尔住宅（*House in Har Adar*）。

0795

不要一下暴露你所拥有的一切。使用地形来创建视觉和声学上彼此分离的离散区域，让人有序列得在公园探索发现。在保护生态敏感地区免受噪声和光污染的同时，为不同的游客群体创造了不同的活动区域。赫兹公园（*Herzeliya Park*）。

0796 

游乐场设计需考虑家长们。记住，大多数孩子去游乐场都是和大人在一起；另一方面，看着孩子们玩耍对大人来说很无聊。在赫兹公园，一个咖啡店位于游乐设施的对面，创造了一个为儿童和他们的父母服务的连接区域。赫兹公园（*Herzeliya Park*）。

0797

把残障设施变成优势。残疾人坡道通常位于空间的中心功能之外，在这里被用做主要设计元素。坡道是休闲社区聚集空间的“中轴”，它也可以是一个室外剧场，用于舞蹈表演或举行非正式的学生会议。学生会入口广场（*Student Union Entrance Plaza*）。

0798

适合不同的场合。大学的主要广场终年都有不同的用途：作为学生聚会场所的日常基地，变成一个活动用的圆形剧场。树木环绕的大草坪将人行主线与喷泉连接起来。在有活动时，喷泉关闭，直线的跌水变成额外的座位。海法，理工学院，主广场（*Main Plaza, Institute of Technology, Haifa*）。

0799

融入背景。作为干旱气候的景观规划者，我们必须背离常见的“绿色”美的刻板印象，以创造具有弹性和持久性的项目。在这里，设计突出了自然环境的鲜明特质，而不是“预期的”绿化带。为了所有使用者的利益，保留了山脉和大海的风景。埃拉特南海岸景观大道。（*South Beach Promenade Eilat*）。

0800 

通过你的景观讲述一个故事。作为通往以色列的主要大门，机场的景观设计与周围传统的柑橘林和农业场景观密切相关：中央花园的设计是从特拉维夫周围的沿海平原到耶路撒冷山脉的特色景观的物理特征抽象而来。本·古里安国际机场（*Ben Gurion International Airport*）。

Simon Rackham Landscape Architects

希腊

61 Veikou, Filopappou
11741 Athens, Greece
Tel.: +30 69 79 40 40 52
www.simonrackham.com

0801

与自然过程一起工作：在希腊艾吉娜岛上的这个地方，种植能适应长时间夏季干旱的植物，使景观看起来与滨海公园融为一体。由于无需夏季除草和病虫害的减少，节省了安装灌溉费用，节约了水资源，并降低了维护的成本。

0802

乡土设计：当地的植物及从当地的采石场中挑选出来的石头，用来把台地连接到埃德拉夫罗斯房子周围的台阶和台地。这个农庄的橄榄树林被带到了房子里，松林从山上延伸下来。规则式花园被保持在最低限度的舒适性和实用性，并享受自然景观。

0803

场所精神：雅典大屠杀纪念馆周围的公园。《旧约》中种植的树木，如杏树象征着苦涩而甜美的生活；柠檬和石榴象征着犹太教；无花果象征着繁荣与和平。天然石材、黏结砾石和植物产生的淡淡清香提供了从纪念碑到阿克罗波利斯和克拉米科斯考古遗址的入口并保持了视线。

0804

简约：屡获殊荣的圣托里尼格蕾丝精品酒店材料简单，可以俯瞰壮观的圣托里尼火山口。6个月的干旱、炎热、干燥、盐渍化的梅尔特米风和地中海的阳光使这的环境很艰苦。所以精心挑选的硬质和软质景观材料使其在任何时候都具有吸引力并欢迎大家的到来。

 0805

地形：该景观为通过希腊北部山区的国道上的家具陈列室提供了自然的前院和前窗。一条对角线小径切割出一块简单倾斜的草坪，蜿蜒的斜坡覆盖着薰衣草。梧桐树用于遮蔽停车场，停车场上种植各种各样的苹果树，提供春天的鲜花、水果，并与山谷的农业景观相连。

0806

传统调色板；现代用途：自从热那亚人14世纪在这里建立了橘子种植园以来，使用水和希俄斯石头就成了富饶的希俄斯岛坎波斯地区的特色。这是一个现代化的转折，以便庄园既可以生产水果，也可以用于娱乐。

0807

景观作为日常必需品：这是在雅典赫墨托斯山脚下的一个年轻家庭的简单低成本、低维护的景观。仔细地调整标高连接到房子的阳台，以使空间最大化，可以容纳儿童游戏和成年人交谈，提供排水并在停车场提供种植池。

0808

充满乐趣的景观：浪漫和神秘的斯派采岛；约翰福尔斯的《魔法师》中的幽静居所，从雅典过来只是乘坐“飞行海豚”渡轮的短途旅程。这里是一个安静的度假胜地。天然石材和地中海植物构成的景观都是关于享受平静、阳光、蝉鸣及萨罗尼克湾的美景。

0809

灵活和富有活力的景观：希腊北部扎哥利亚国家公园的村庄以水、石头和茂密的植被为特色。在维特萨的豪华扎格里亚套房的景观使用这些元素来应对标高的极大变化，并创造一个灵活的景观，无论是做夏季儿童户外活动还是冬季山区度假的四驱车停车场都比较美观。

0810

框景：创建一个保留的、简单的大理石屋顶景观，与络石藤花架结合，而不转移大家对阿克罗波利斯的背景的注意力。

Spackman, Mossop+Michaels

美国

7735 Maple St
New Orleans, LA 70118, USA
Tel.: +1 504 218 8991
www.sm2group.com

0811

位于新奥尔良市中心的城市公园境内，占地62英亩（约25.10hm²）。在去除外来入侵物种之后，必须引入本地物种，以防止在未来几年入侵物种再次进入。本地种子和植物的种植，以及在前5~10年内继续进行入侵物种管理，将使生态系统有机会重建。库特森林+侦察岛（*Couturie Forest + Scout Island*）。

0812

设计团队通过设计小路作为森林内的一种标识手段及探索场地的媒介，回应了社区对公园有限标识牌的需求。新的步道系统将响应生态类型的多样性，标识也将被融入该小路。库特森林+侦察岛（*Couturie Forest + Scout Island*）。

0813

该设计为沿着斯库尔基尔河与巴特兰历史植物园相交的新区域乡间小路网络。包括穿过花园的新道路网络和通往道路的新入口通道。规划的入口停车场旨在最大限度地减少其整体场地占地面积，并为其使用者提供体验该场地的有趣方式。巴特兰的花园乡间小路网络（*Bartram's Garden Trail Network*）。

0814

鉴于新奥尔良创意艺术中心校区位于新奥尔良历史街区的中心地带，在马里尼和拜沃特社区的交叉路口，该计划必须考虑将这些历史建筑与扩建后的校园景观相结合。新奥尔良创意艺术中心100年总体规划（*New Orleans Center for Creative Arts 100-Year Masterplan*）。

0815

新奥尔良创意艺术中心对未来校园的愿景是拥抱它周围的环境。总体规划设计使学校比周围的社区更能接近河滨，从而鼓励学生参与户外运动或水上活动。新奥尔良创意艺术中心100年总体规划（*New Orleans Center for Creative Arts 100-Year Masterplan*）。

0816 

该游乐场的设计以地型为主要特征。新奥尔良位于密西西比河的洪泛区，拥有独特的地形。该场地的丘陵地貌将成为公园的主要游戏特色，让孩子们能够在具有城市其他地方所没有的特色景观中跑步和玩耍。唐纳利公园游乐场（*Donnelly Park Playground*）。

0817

该场地基本上是平坦的，而排水不畅。灌溉作物的水需要有多个接入点，特别是在小型社区花园区域需要40~50个单独接入点。灌溉的径流必须通过一系列生物洼地排回中心位置，以帮助水净化。越南城市农场（*Viet Village Urban Farm*）。

0818

沿着斯库尔基尔河（Schuylkill River）设计一个新的区域步道网络，它与宾夕法尼亚州费城的巴特兰历史植物园相交。骑自行车者和行人使用的路径采用可持续的多孔材料，并在设计布局中考虑场地景观。巴特兰的花园乡间小路网络（*Bartram's Garden Trail Network*）。

0819 

该项目包括一系列复杂的资金和劳动力资源。了解社区所寻求的不同资金来源以及资助机构的性质是该项目分析中一个重要的部分。该项目组的资源范围很广，包括想要当志愿者的高中生及有着复杂申请表和资助规则的大型基金会和政府组织。越南城市农场（*Viet Village Urban Farm*）。

0820

在受卡特里娜飓风灾难严重的新奥尔良东部城市农业项目中，我们协助社区设计了支持有机城市农业经营所需的环境基础设施系统、市场区域以及寻求资金和各种劳动力资源的灵活战略发展计划。越南城市农场（*Viet Village Urban Farm*）。

Stephen Diamond Associates Chartered Landscape Architects

爱尔兰

68 Pearse Street
Dublin 2, Ireland
Tel.: +353 1 677 56 70
www.sdacla.ie

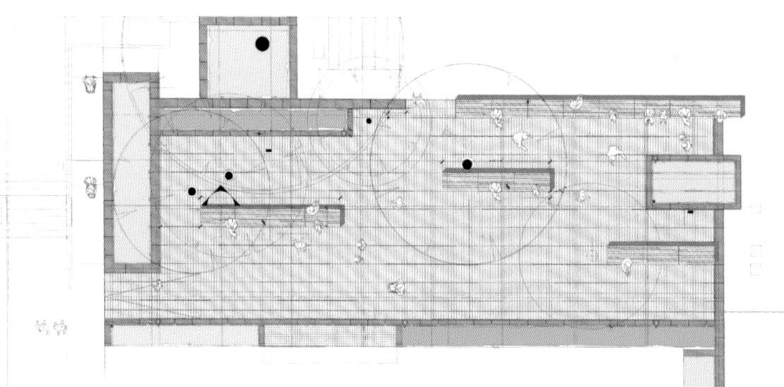

0821

保持开放的心态。倾听和分析客户、使用者、设计团队和场地的要求。在香农河畔卡里克的河滨公园，考虑到场地复杂和客户需求，所以需要一个持续的设计和解决改进过程。最终结果是适合于场地、文脉和使用者的简约花园。

0822

寻找并利用功能几何形作为定义空间和交通流线的结构模块。在都柏林大学艺术学院，利用一米宽的条纹形成一个直线形的结构框架，围绕该结构框架，硬木甲板和一系列长凳被精巧布局，以鼓励社交互动和引导行人走向建筑入口。

0823

通过使用有对比性的材料使空间富有活力。长凳两端镶有亚克力信号灯，这种新方法成为艺术街区的标志。当夜幕降临时，随着重叠的灯箱从长凳里发出蓝色的光，长凳显得生动活泼。绿黄相间的光环，增添了大学的色彩。

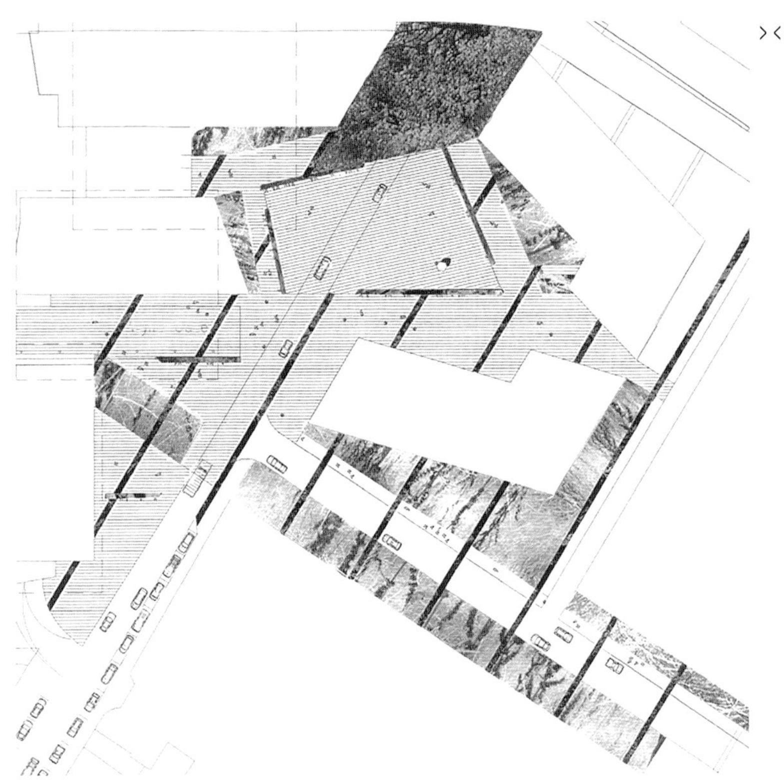

0824

古老的地图和历史能揭示景观中的层次，可以被挖掘出来以激发和产生设计灵感。在皇家都柏林协会，一个新的公共广场采用了对林地、田地、犁线和田间石墙的抽象解释，揭示了该协会与农业、艺术和场地的历史用途之间的联系。

0825

在项目的设计、细节和施工阶段，始终考虑最终的使用者。成功的项目设计吸引人们进入外部环境，在这里互动、放松、观察并逃离现代生活。

0826 ➤

把郁郁葱葱的非规则式种植与建筑元素并置，以使空间富有活力。在“图标办公室的发展部”采用不锈钢、水和花岗岩与拂子茅属（*Calamagrostis*）、针茅属（*Stipa*）及各种多年生开花植物的动态和颜色形成对比。

◄ 0827

使用当地材料，降低能源消耗和对环境的影响：爱尔兰蓝色石灰石、再生玻璃、当地种植的植物和低能耗LED灯光照明为都柏林南部两个被遗忘的庭院带来活力。该概念基于山腰林地的砍伐，从该场地在都柏林山脉山麓的位置发展而来。

0828

承认景观设计中美学（一种美丽或艺术的概念）的重要性。景观美学是由构图、平衡、比例、尺度和细致的材料规格来定义。

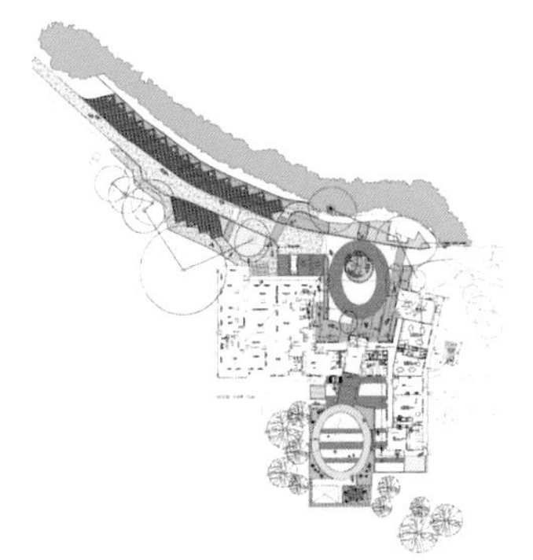

0830

持续的投入对于将概念性思维推进到适当的构建形式至关重要。爱尔兰邓莱里文艺理工学院校园概念为抽象构图，包括一个整体形式，由大胆的笔触颜色分隔，以强调、连接和沟通。这是一个引人注目的拂子茅植物场地，与多年生开花植物相交错，将景观引入校园并将其缝合到背景中。

0829

保留、整合和考虑现有景观的文脉意义。为纪念爱尔兰邓莱里文艺理工学院学生和工作人员而设计的现代花园坐落在一个以前被忽视的传统围墙花园中。用耐候钢、硬木和花岗岩所表达的布局，可以营造出一种封闭感和舒适感，让人们可以在不同的区域聚会、聊天、反思和冥想。

Strijdom van der Merwe (Land artist)

南非

12 Du Toit Street
Stellenbosch 7600, South Africa
Tel.: +27 021 886 6496
www.strijdom.co.za

0831

在南非约翰内斯堡的吉洛洛伊斯交汇处安装20000只黄色的手，欢迎2010年国际足联世界杯足球赛的参观者。这个概念是利用现有景观的坡度，并在驾车穿过立交桥时创造出围绕驾驶者的设计。要使用现有的景观并围绕它构建你的作品。

0832

在海滩上用木棍画一个三角形。云的不断变化和运动改变了沙子的颜色，使一幅画看起来像三幅不同的画。使用不断变化的天气模式来影响你作品的创作。德国，北海岸，叙尔特岛上的海滩，2008年（*Beach on Sylt Island. North Coast, Germany, 2008*）。

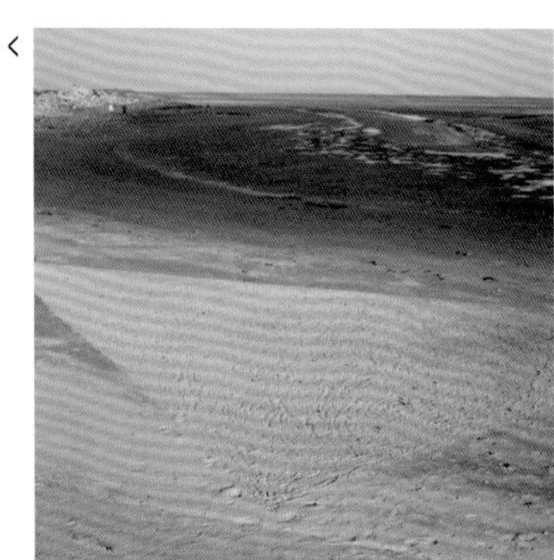

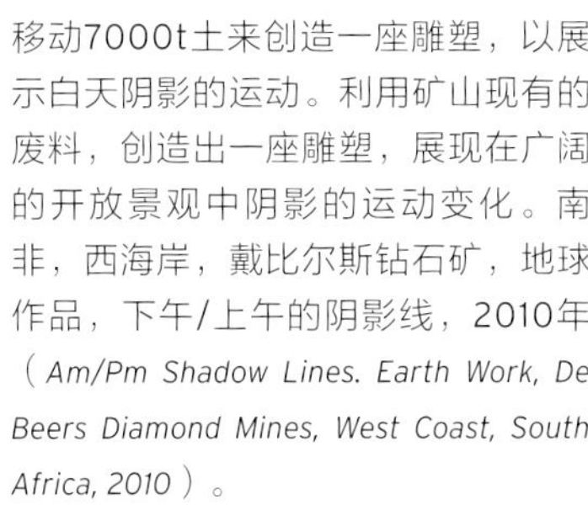

0833

移动7000t土来创造一座雕塑，以展示白天阴影的运动。利用矿山现有的废料，创造出一座雕塑，展现在广阔的开放景观中阴影的运动变化。南非，西海岸，戴比尔斯钻石矿，地球作品，下午/上午的阴影线，2010年（*Am/Pm Shadow Lines. Earth Work, De Beers Diamond Mines, West Coast, South Africa, 2010*）。

0834

水的重要性。学生们吹胀500个直径1m的气球，在上面写下关于水的重要性的信息。让尽可能多的志愿者来参与促使人们参与环境问题，让水带去他们写下的信息。南非，斯泰伦博斯，埃尔斯特河，2010年（*Eerste River, Stellenbosch, South Africa, 2010*）。

0835

利用在森林中发现的材料在一棵树的周围建造了一个构筑物。一个你可以和自然一起冥想的地方，只有你和一棵树在一个封闭的区域里。在场地发现的材料可以用来建立构筑物以产生情感力量。意大利，阿特赛拉雕塑公园，冥想之地，2006年（*Eremo/Place of Meditation. Arte Sella Sculpture Park, Italy, 2006*）。

0836

让60位诗人各写了一首关于全球变暖、沙漠化和环境问题的诗。这些诗被印在布上，作为诗歌/信息，随风吹过风景。可使用像风这样的自然元素来传递视觉信息。南非，奥茨胡恩，卡鲁，2008年（*The Karoo. Oudtshoorn, South Africa, 2008*）。

0837

所有的树木都已是国家纪念物，但树木“医生”让它们存活下来，保持了街道的美丽。它们的存活都有危险了。使用现有的自然元素创造一个视觉愉悦的街道，但其中有一个隐藏的信息。南非，斯泰伦博斯，多普街，红色织物包裹393棵树，2008年（*Wrapping 393 trees in red fabric, Dorp Street , Stellenbosch, South Africa, 2008*）。

0838

人类有着控制和塑造自然的冲动。使用场地发现的材料来雕塑花盆和树木，如同我们在控制的环境中了解它们的样子。用场地发现的材料，进行我们的创作。德国，北海岸，叙尔特岛，2008年（*Sylt Island, North Coast, Germany, 2008*）。

0839

用水画线，过一段时间就会消失。水可以用来画画。南非，全国各地的不同景观，用水画画（*Drawing with water, different landscapes around the country, South Africa*）。

0840

利用排水井盖，并将其放置在两个对比鲜明的景观中，就环境问题表达态度。可使用不同景观中的已知物体来传达信息。南非的两个景观，全球变暖和荒漠化（*Global warming and Desertification. Two landscapes in South Africa*）。

Strootman Landschaps Architecten

荷兰

Piraeusplein 37
1019 NM Amsterdam, The Netherlands
Tel.: +31 20 419 41 69
www.strootman.net

0841

选择明确的概念，并在发展它时保持一致。为了法国卢瓦尔河畔肖蒙的花园节，联合国妇女节被设计成爵士酒吧和花园的混合体。这是对比利·哈乐黛充满感情的生活的诗意致敬。从一个废弃的黑色三角钢琴中，经典的爵士乐歌曲《灵与肉》轻轻地飘过盛开的鲜花。

0842

尝试其他尺度的设计原则。赫罗洛新乡村庄园的设计部分基于日本漫步花园的设计原则。占地22hm²的景观以树林和大道为界，在其中为不同时节开花的鲜艳植物提供空间。

0843

在复杂的总体规划中，要确保与水文学家、生态学家、土木工程师和城市规划师进行良好的合作。这条通往维林根岛南部的新通道将把阿姆斯特勒与伊斯塞米尔连接起来。在通道内和周围规划了大约2000个新的永久性和娱乐性住宅。该项目将扩大自然栖息地面积，改善该地区的农业、娱乐和农村生活水平。

0844

在设计新的住宅景观时，允许景观设计和城市规划融为一体。在位于阿姆斯特丹东部的布卢门德勒波尔德的设计策略中，景观与城市融合为一体。通过这种方式，实现了房屋和景观的交织，这是维希特地区的特色。

0845

抓住看似不可能的东西来进行大胆的设计。在阿纳姆的尤西布苏大厦停车场的屋顶上建了两个内庭院。种植在大型座椅上的树木给庭院增添了浓郁的色彩。搬运石头的手推车则是另一个庭院中可移动椅子的底座。

0846

有效利用公园作为打破障碍的一种方式。在埃代的"连接公园"项目中，一个繁忙的交通干线将被覆盖，部分位于住宅和商店的顶部，并被公园包围，停车场被规划在下面，这样目前被道路分隔的住宅区将彼此相连。

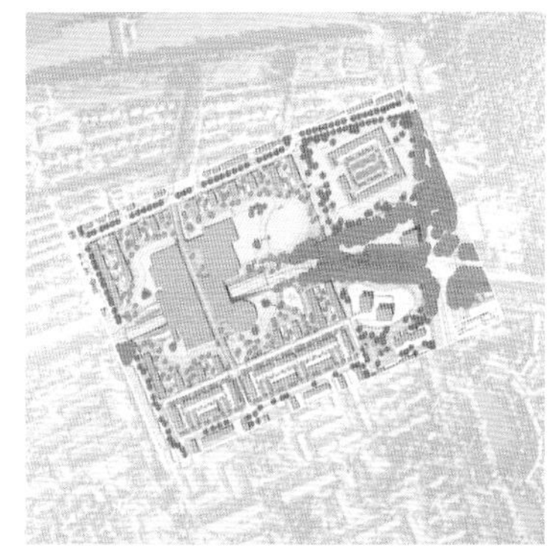

0847

不同尺度的设计：从占地30000hm^{2}的区域设计开始，一直到标识上的字体。我们还设计了德伦特省阿河（Aa River）流域的座位和观景点。

0848

改造标准产品并使其成为您的优势。在重新开发克尔东克村（Keldok）中心时，我们修改了从产品目录中找到的一盏灯，并将其与我们设计的一根灯柱一起使用，以创建一个照明方案，来帮助定义村庄的特点。

0849

不要害怕在自然和文化价值方面进行过度的干预。斯特鲁本尼泊士（Strubben Kniphorstbosch）是阿河（Aa River）流域的瑰宝之一，是迄今为止荷兰最大的国家考古遗迹。该地区杂草丛生。去除大量的森林可以呈现特定种类的树木，从而在开放区和封闭区之间形成新的对比。

0850

让艺术成为项目主要概念的一部分。荷兰皇家庄园的"净水机"形成了在庄园建造壮观的水上花园的灵感。艺术作品阐明了水净化的原理。

Studio Paolo L. Bürgi

瑞士

In Tirada
CH-6528 Camorino, Switzerland
Tel.: +41 91 857 27 29
www.burgi.ch

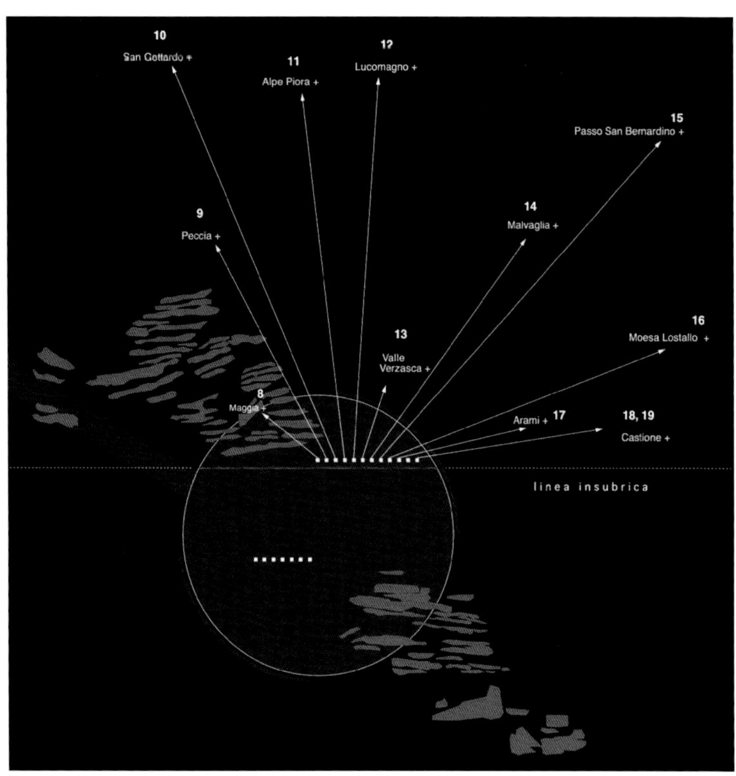

0851
在契梅塔–卡达达的地质观测台上方，与地平线建立对话，邀请参观者接近地质时代的隐藏维度。过去和现在的视角通过这个顶视图进行交流互动。卡达达，地质观测台（*Geological Observatory, Cardada*）。

0852
“美观和实用（Venustas et Utilitas）”是一项为期两年的城市文脉中的农业景观美学研究经历。这些干预措施的目的是为了让观众探讨某些问题：我所看到的，是巧合？与农业有关？还是设计的风景？处于理解/不理解“美观和实用”之间的临界。麦姆博格（*Mechtemberg*）。

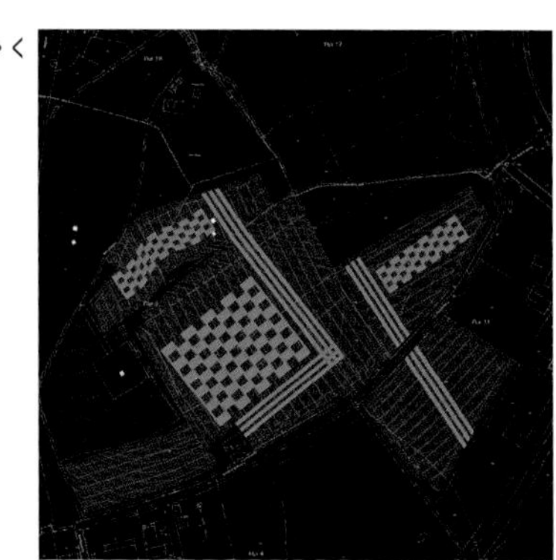

0853

位于克罗伊茨林根（Kreuzlingen）的海港广场项目将城市作为其作品的景观，湖泊作为游客可能抵达的平台。观众坐在混凝土座位上看向湖面的天际线，积极地观察体验着这种背景转变的魅力。克罗伊茨林根（*Kreuzlingen*）。

0854

由锥形杨树组成的螺旋形杨树林通过一条略微指示的路径进入，这条路径在入口几米后就消失了，让游客自己到达中心，发现一个空间构成，在这个空间中，整体和细节密切相关，引发情绪或智力反应。螺旋是一个不断变化的连续状态，与周围工业和化工建筑形成对比。绿色螺旋（*Green spiral*）。

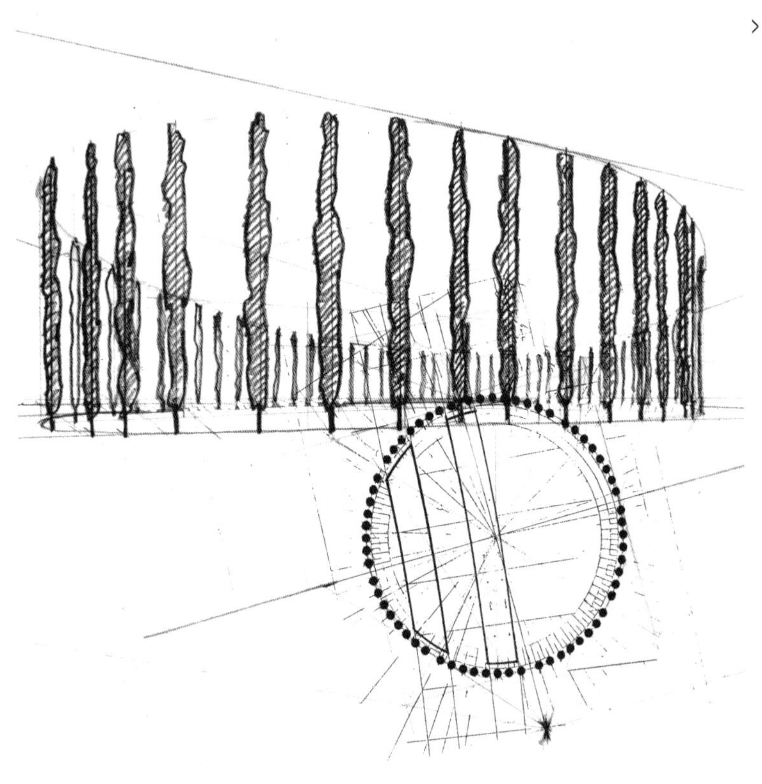

0855
一条新的高速公路横越一片景观为重新设计一个地方提供了机会，这是用最精炼的语言重新发现它的机会。两个围合的隧道“重现”在一个雕塑空间，这是一个会面的地方，或是与我们的时代对抗的地方，这里我们可以娱乐、展览、办节日或者仅仅是沉思或独处。奥古斯特·皮卡空间（*Espace August Piccard*）。

0856
卡达达的海角呈现在独特的树林和湖泊全景之上，游览者与周围的景观相关。地质年代表起了作用，地板上的象形图显示了地球上生命的发展：这些背景激发了对人类存在的暂时性的思考。卡达达，海角（*Promontory, Cardada*）。

0857
在这个私人花园中，生活在露台下方、隐藏在马焦雷湖的鱼类动物群被以雕刻在泳池周围的石头路面的形式，使之主题化了。这种灵感强调了所在地的特征，并与附近的湖泊形成了不同层次的相互关系。私人花园（*Private Garden*）。

0858

卡斯特罗广场清楚地界定了国会中心的入口，并拥有复杂的停车系统。作为交汇点、活动论坛、多样性的场所，广场是与历史公园对话的过渡元素。到了晚上，广场上散落着蓝色的LED灯发出的光亮。唯一的红色标志着卢加诺的地理位置，回忆着它在欧洲城市中的神韵。卢加诺，卡斯特罗广场（*Piazza Castello, Lugano*）。

0859

沿着花园边界有一条略微弯曲的竹林小路，让游客沉浸在茂密的植被中，并引导游客到达最终的目的地，在一个深不可测、人迹罕至、意想不到的峡谷中，让人眼前一亮。竹林小路（*Bamboo path*）。

0860

该项目希望提供更深层次的感受，当接近全景观景台，仿佛切开地面向下穿过石墙，触摸它们，体验岩石内部的通道时，有了更深层次的感受。在峡谷的尽头，可以到达湖上新的悬空海角。卡尔索俯视湖（*Carso Belvedere sul Lago*）。

Studioland/Ilias Lolidis

希腊

P. Sindika 9
54643 Thessaloniki, Greece
Tel.: +30 2310 821 276
www.studioland.gr

0861

景观是三维空间，可根据具体需求和功能进行创造性塑造。防寒风或烈日是一个关键因素。独立式墙壁和棚架是重要的元素，可以提供住所、视觉焦点并改善小气候。

0862

休闲景观为激发儿童的创造力和身体发育提供了令人兴奋的机会。创意游戏区域为儿童提供了与自然之间的直接接触，通过有趣的方式使用自然纹理、形式、材料和象征来刺激感官。

0863

作为家的延伸，游泳池和露台为自然纹理、反射、表面和光线提供了戏剧性的媒介。通过简单的线条、空间和形式，规划和设计使水、木材、石头和光线的美丽自然品质占主导地位。

0864

通过空间照明的方式感受材料和氛围。重要的是要了解光对人的微妙作用。照明的简约克制是实现人类舒适感和放松感的关键因素。

0865

必须将建筑和景观视为人与自然的敏感而有趣的组合，从土地的内在精华中汲取灵感。形式、功能和材料应融合在一个完整的环境中，建筑和景观在相互尊重的环境中共存。

 0866

景观的个性由其边缘和边界来定义。“边界”是一个古老的概念，就像其在古希腊一样，它是当今景观设计的基础。这里的元素由高度、质感和颜色的节奏组成，同时解决了场地的基本边坡稳定问题。

0867

无论是自然生态系统、城市景观、公园还是文化资源，所有景观都是更大构成的一部分。虽然设计必须简单且尊重文脉，但它们也应能很好地利用更广泛环境的视野。通过这种方式，景观成为打动人心的环境，让整个景观主题在您眼前展开。

0868

视觉框架、焦点和远景用于建立人与空间之间的关系。精心组织的元素可以提供强大的位置感，扩展空间感，并在景观中创建有趣的目的地。

0869

花园节点、露台和观景点构成了我们享受周围环境的关键空间。较小的空间相对于较大的空间同样重要，提供特殊的宁静和个人感受的人性尺度体验。

0870

景观是远远超出各个地点边界的景观组合。在中国古典园林中产生了“从附近借景”的理念，至今仍是一种强大的设计工具。可以实现边界线到景观边缘的简单转换，实现戏剧性的无限感。

SWA Group

美国

2200 Bridgeway Blvd.
Sausalito, CA 94966, USA
Tel.: +1 415 887 4242
www.swagroup.com

0871

城市土地和城市基础设施是昂贵的，因此，每一条城市河流、小溪、渠道或阳沟都应该得到最大限度的利用，以最大限度地造福于城市的开放空间、休闲娱乐、野生动物栖息地和水质。项目:布法罗河口。来自凯文·斯坦利的提示（*Project: Buffalo Bayou. Tip by Kevin Shanley*）。

0872

形成代表广泛的公园使用者的社区团体，为规划和设计提供帮助。保持设计简单和令人难忘。确保公园空间的规模能容纳各种各样的聚集活动。将公园与人、公共交通系统和周边社区联系起来。赫曼公园。来自斯科特斯莱尼的提示（*Hermann Park. Tip by Scott Slaney*）。

0873

古北步行街是上海少数几个行人专用的“街道”之一。其成功的关键是团队有能力发展出一个强有力的概念创意，并通过创新设计跟进；与客户保持良好关系并获得他们的支持；并对当地可用的景观和植物材料进行广泛的研究和试验，以实现设计师的愿景。来自洪盈玉的提示（*Tip by Ying-Yu Hung*）。

0874

伟大的设计师既是好老师又是好学生。设计师需要倾听并了解客户的需求，但他们也必须领导设计过程，并以良好的设计教育客户。这个项目最初是为另一家公司设计的，但园区设计的力量持久，谷歌选择它作为其总部。长远考虑。来自瑞内·比汉的提示（*Think Long Term. Tip by Rene Bihan*）。

0875

尽可能使用天然植物材料。75%的本地植物材料原产于卡波圣卢卡斯地区。许多独特的植物材料收集自附近的沙漠中，那里正要建造垃圾填埋场，如果没有被采集这些植物就被毁了。今天，巴哈的本土植物是拉斯万特纳斯花园的亮点。拉斯·万特纳斯。来自查克·麦克丹尼尔的提示（*Las Ventanas al Paraíso. Tip by Chuck McDaniel*）。

0876

在这个非常敏感的环境中，目前的生态和可持续做法是世沃（SWA）处理城市发展方法的推动力。在新开发的同时保留了毗邻的开放空间，而新开发的重点是先前存在的受干扰区域。总体规划的组成部分包括完整的街景和小路系统、池塘修复、社区中心和娱乐中心。昆明生态社区。来自杰多·阿基诺的提示（*Kunming Eco-Communities. Tip by Gerdo Aquino*）。

0877

先例根本不在尖端设计的词汇中。将现代建筑的戏剧性形式引入种植屋面是一个挑战，需要整个设计团队的协作和客户的完全信任。当每个人都参与并且是解决方案的一部分时，风险和预期管理就容易得多。加利福尼亚州科学博物馆。来自约翰·鲁姆斯的提示（*California Academy of Science. Tip by John Loomis*）。

0878

那片土地就是那里的规划。你必须真正了解土地，以创建一个适合该场地和圣卢斯的社区。地形、道路和小径、建筑物和景观，一切都感觉很自然，就好像它一直在那里一样。这就是我们以土地为基础的规划和设计方法的精髓。圣卢斯。来自理查德·劳的提示（*Santaluz. Tip by Richard Law*）。

0879

景观是场地整合的最佳工具。它将8座建筑物整合在28hm²的土地上，创造了一个具有地方感的项目中心，该项目描绘了具有当代表现力的传统苏州文化之美。苏州国际公园行政中心。来自李惠琍的提示（*Suzhou International Park Administration Center. Tip by Hui-Li Lee*）。

0880

伟大的设计师灵活、适应性强，对新想法持开放态度。北京金融街正在建设时，一场选举迎来了一位新的区长，他希望采用完全不同的设计。SWA可以退出或拒绝妥协，但我们重新进行了设计。这是一项压力很大、很艰苦的工作，但最终，最好的设计被建成了。来自瑞内·比汉的提示（*Tip by Rene Bihan*）。

Taylor Cullity Lethlean Landscape Architecture Urban Design

澳大利亚

109 Grote Street
Adelaida, SA 5000, Australia
Tel.: +61 8 8223 7533
www.tcl.net.au

0881 ➤
以设计为中心的国际花园节是探索和测试新想法的绝佳方式，也是与其他国家的设计师见面的绝佳场所。桉树探索艺术、设计和科学之间的关系，并暗示澳大利亚环境所独有的品质。梅蒂斯国际花园节。桉树光和影（2005年）和失桉树（2006年），与瑞恩西姆斯合作[*Eucalyptus Light and Shadow (2005) and Eucalyptus Lost (2006), with Ryan Sims*]。

0882 ▲
成功的动物园展览设计要能讲述一个很棒的故事。要与项目所能负担的最好的解说设计团队建立深厚的个人工作关系。应在第一天把该团队引入项目，一起把故事线索串起来，并延续到最后，因为他们的“润饰”可把体验带到另一个层次。墨尔本动物园，海洋动物展览，狂野的大海（*Wild Sea, Marine Animal Exhibit, Melbourne Zoo*）。

0883 ▼
当有一个信任、周到的客户，尤其当他是当代艺术收藏家时，私人花园将成文一个很好的设计。探索花园中结构与混乱之间的张力是件好事。哈罗路住宅（*Harrow Road Residence*）。

0884 ➤
细节成就项目。躺椅、弧形预制混凝土墙和钢制格栅是该项目的关键视觉细节。它们是人们记忆中的东西。悉尼，悉尼大学公共领域达灵顿校区（*Sydney University Public Domain Darlington Campus, Sydney*）。

0885

在沙漠中，每棵乔木和灌木都是珍贵的，对土著人来说是有意义的。一个强大的景观需要受到极大的尊重。北领地，乌卢鲁巨石（*Uluru, Northern Territory*）。

0886

与土著人一起工作是很大的荣幸，找到与他们沟通交流的新方式很重要。走到土著人中间，倾听他们讲话，不要在乎时间多长。冒着45℃高温在苍蝇成灾的地方，标识步道和停车场，要戴上防蝇头罩，还要多喝水！北领地，乌卢鲁巨石（*Uluru, Northern Territory*）。

© Ben Wrigley

0887

为儿童的游戏和学习创造空间提供了一个回到自己快乐童年回忆的简短旅程。模糊学习空间和游戏空间之间的界限，并将两者融合成一个整体体验。设计让孩子参与到景观/游戏景观，在空间中冒险并创造自己的故事和幻想。MLC游乐场（*MLC Playground*）。

0888

“如果你能够使空间框架运作良好并且与概念框架有内在联系，那么其余部分将随之而来，包括偶然的魔法……”堪培拉，堪培拉国家植物园（*Canberra National Arboretum, Canberra*）。

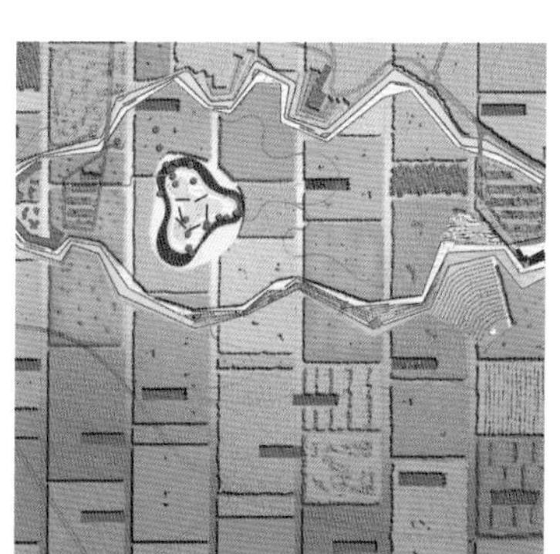

0889

一个大胆的想法是将联排住宅的长度统一，但设计够强让每一个楼间区域都能保持原样。一个市政项目可以产生大量的社会资本。项目中最具成本效益的因素是种植，可以起到最优的效果。不要低估植物在城市空间中吸引人们的力量。阿德莱德，北联排住宅（*North Terrace, Adelaide*）。

0890 

设计景观带领游客在感官和视觉上旅行。当景观还在生长和成熟的同时也需提供即时效果印象。将艺术和雕塑融入景观，提供完整的景观体验。创建一个具有内在解释性的景观，讲述它的故事，并通过不依赖于标牌的沉浸式体验来传达它的信息。克兰伯恩，澳大利亚花园（*Australian Garden, Cranbourne*）。

Tegnestuen Schul Landskabs Arkitekter

丹麦

Frode Jakobsens Plads 4
2720 Vanløse, Copenhagen, Denmark
Tel.: +45 4542 50 90
www.schul.dk

0891

被要求做一个看起来像野生的花园。利用简洁的混凝土表面为皇家美术学院工作室提供生动背景。花园的特色是强大的框架，适合专注的会议、大型户外派对和安静的时刻。学院花园（*Academy Garden*）。

0892 

这里以前是这座城市的背面，停车场和消防出口占据了主导位置。现在，塑形的混凝土河岸通过包容、灵活的城市景观新环境为城市活动提供最佳条件——城市的新中心。霍斯特布罗河，与奥库拉合作（*Holstebro River, in collaboration with Okra*）。

0893 

木制楼梯。大型木制楼梯作为功能性的城市尺度的设施发挥作用。材料的温暖柔和平衡了大型内敛的剧院建筑，使该地区充满吸引力。丹麦，丹森剧院（*Dansens theater, Denmark*）。

0894

在蒂沃利重建现代化的花园。简单的几何布局，郁郁葱葱但有控制的种植组合方案，从白色、浅黄色、黄色、橙色、红色、紫罗兰色、蓝色到浅蓝色，再以白色结束。开花季节从5月到10月。

0895 ➤
汀步石。在安静的气氛中，这是一个略显顽皮的细节：汀步石穿过格伦斯达尔斯朗德教堂的墓地一个倒影池。

0896 ➤
连接成为焦点的地方。斯托河上的桥梁照亮了漫长而黑暗的北欧冬季的十字路口。

0897 ➤
混合的垃圾园。园艺作为“社会塑料”——将画廊作为概念性景观策略的平台，诸如垃圾中的花园、抗议花园、裂缝花园等等，花园不仅仅是用于装饰开放空间，而是关于时间、进化及不同文化、人和社会能力的动态框架。毕尔巴鄂，萨拉雷卡尔德（*Sala Rekalde, Bilbao*）。

0898
自行车棚。当许多自行车变成一堵墙时，细节、简单和日常使用变得美丽。

0899 ➤
大型水面平衡了建筑物，为交通提供了一个声音过滤器，并欢迎所有年龄段的孩子来到这以前曾是空荡荡的停车场的地方。

0900 ➤
小路。有些是断头路。

Terragram Pty Ltd

澳大利亚

Level 1, 15 Randle Street
Surry Hills, NSW 2010, Australia
Tel.: +61 2 9211 6060
www.terragram.com.au

0901

优先使用3D模型。尽管现在技术创新，但是计算机模型还不能像真正的建模材料（如橡皮泥、黏土、石膏等）那样自然直观。建模还使我们能够发现许多隐藏的问题，而这些问题通常只会在以后的施工期间才会显露出来。悉尼，私人花园，围墙花园（*Garden of Walls, private garden, Sydney*）。

0902 

大（Bigness）："大"需要雄心来策划变革。这个堪培拉澳大利亚国家博物馆的项目试图超越其物理边界——这一提案最终被修改简化。一个方案可能不会成功，但这不是不去尝试的借口。澳大利亚国家博物馆的原始平面以及它是如何建造的航空照片（*National Museum of Australia original plan, and aerial photo of how it was built*）。

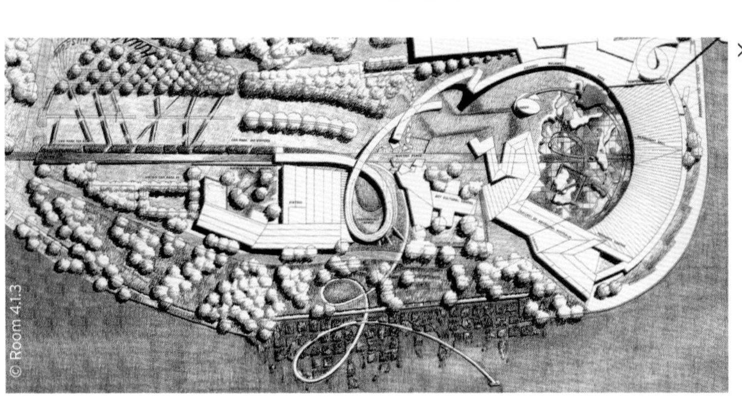

© Room 4.1.3

0903

小（Smallness）：细节和大局一样重要。它吸引我们休息、观察、欣赏和注意其他无形的东西。项目越小，难度越大。"小"使微小的错误都显得很大。悉尼，小海湾的私人庭院,100泉墙（*Wall of 100 Springs, private courtyard in Little Bay, Sydney*）。

0904

保守一些秘密：有关方面或者客户不需要知道一切。一旦遇到一些不寻常的事情，通常的过度反应就是停止引入这些方面的项目。这可能是一个冒险的做法，但作为设计师，我们应该承担一些风险，去我们以前没有冒险过的地方。悉尼，私家花园，火花园（*Garden of Fire, private garden, Sydney*）。

0905

让出乎意料的事情发生：在这个花园里，只要轻轻按一下按钮，就可以把房子的入口淹没——这是客户在生日那天偶然发现的。从技术上讲，这个项目需要很高的精确度，因为黄铜走道可能会被几毫米的水淹没。悉尼北岸，私人花园，行走在水上（*Walking on water, private garden, North Shore Sydney*）。

0906

缓慢：自然是最好和最可靠的记账员。不能催它，它按自己的步调做出反应。在这个忙碌的时代，人们很难接受缓慢，也很难做慢下来的计划，但只有慢下来我们才能看到风景和花园优雅地留下岁月的痕迹。新南威尔士，位于安古拉地产内，绿色大教堂，（*Green Cathedral, at Garangula property, New South Wales*）。

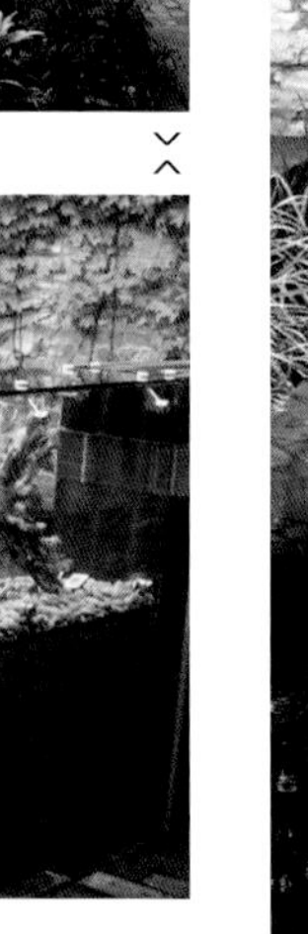

0907

协同：最好的项目是概念和执行的独特协同的结果，并且由所有者来开启。如果可能的话，应创造并珍惜与客户间的信任、奉献和最终发展为友谊的氛围。景观实现效果很慢，需要耐心和承诺来发展。悉尼，格莱贝，私人花园，幽灵花园（*Garden of ghosts, private garden, Glebe, Sydney*）。

0908

梦想：日常的沟通联系并不利于梦想。然而，没有梦想，就没有探索新领域的欲望。保守派评委称这种冒险的园林方案是“他们见过的最疯狂的东西”。这是一次描绘一个模糊的、非常难以记住的梦境的尝试，吸引游客回归。槟城园林节小组（*Panel for Mt Penang Garden Festival*）。

0909 

返回：尽可能多地返回场地。只有通过随着时间的推移不断观察花园，我们才能了解哪些有效，哪些可以做得更好，哪些无效。悉尼，电影制作人的花园，绿墙（*Green wall, Filmmaker's Garden, Sydney*）。

 0910

探索技术：技术创新，尤其是新的照明形式、新材料和计算机，都不是花园中的禁忌。在狭小的城市空间里，它们是用来增加花园所能提供的体验的宝贵工具。在这个花园里，雾、光纤、水声和传统照明都可以结合起来，在白天和夜晚创造出无数的场景。悉尼，私人花园，灯光剧场（*Theatre of Lights, private garden, Sydney*）。

Thomas Balsley Associates

美国

31 West 27th St, 9th Floor
New York, NY 10912, USA
Tel.: +1 212 684 9230
www.tbany.com

0911

关于照明：光应该是景观概念的组成部分，而不是设计后加的。日本，卡苏伊格斯基广场的曲折路径和光魔杖（*Zig-zag path and light wands at Kasumigesaki Plaza, Japan*）。

0912

关于水：在公共景观中，水的可能性是无限的。佛罗里达，坦帕，在柯蒂斯-希克森公园滨河广场的雾云，探索它们（*Mist cloud at the Curtis Hixon Park river front plaza, Tampa, FL*）。

0913 ➤
关于座位：重新思考场地使用。如果我们真的为人而设计，为什么我们的设计没有超越座凳？超大和深度倾斜的躺椅可用于长时间观景。纽约,龙门广场州立公园（*Gantry Plaza State Park, NYC*）。

◄ 0914
关于空间构成：考虑私密但视觉无限的概念和空间的诗意。纽约,龙门广场州立公园的隐匿处和曼哈顿天际线（*The nest and the Manhattan skyline at Gantry Plaza State Park, NYC*）。

0915 ▲
颜色：一个颜色超越季节的地方。

0916 ▲
论设计勇气：无所畏惧。有什么可失去的？得克萨斯州，达拉斯，主街花园公园的绿色玻璃“学习亭”（*Green glass "study shelters" in Main Street Garden Park, Dallas, TX*）。

0917 ➤
关于“公园”元素：它被称为景观建筑，不是吗？你是不是状态绝佳？重新想象阴凉处和庇护所。被灯光照亮的高雨棚悬在得克萨斯州达拉斯的主街花园咖啡馆上空。

0918

关于公共空间：了解“场所”，设计社交舞台，但不要试图写剧本。“你一思考，上帝就发笑”。草坪“木筏”激发了一场新游戏。佛罗里达州，坦帕市，柯蒂斯希克森公园（*Curtis Hixon Park, Tampa, FL*）。

0919

关于场所塑造和品牌推广：如果你没有将它放在你的设计议程上，那么其他人也会来装饰上一些条幅的！雕塑式的进风井已成为该项目的标志。日本，大阪，大阪世界贸易中心（*Osaka World Trade Center, Osaka, Japan*）。

0920

单一树种：精心挑选的本土物种可以减少风险并给人难以忘怀的经历。豪华公寓裙楼屋顶上的“101松林”概念是用30英尺（约9.14m）高的白松来完成的。纽约，沃伦街101号（*101 Warren Street, NYC*）。

Thorbjörn Andersson/
Sweco Architects

瑞典

Nackagatan 4
Box 17920
11895 Stockholm, Sweden
Tel.: +46 08 52 29 52 00
www.sweco.se

0921

倾听场地的声音：现有场地提供了可用于设计的宝贵意见。但是，这些信息可能是嵌入的、隐藏的，也可能模糊不清。要解读该场地，需要对景观有深刻的理解。在瑞典马尔默的丹尼亚公园，水的存在是主要的特点，因此设计侧重于对海洋的体验。

0922

让一个主要的想法引导设计：次要的思想应该服从于大的想法，以加强该想法。同时有太多的想法模糊了概念，削弱了整体设计。在延雪平海港公园，最大的想法是把倾斜的草坪表达成一系列的露台。露台由花岗岩挡土墙建成，固定在座位高度上。

0923

大尺度：第一个概念草图受益于大尺度。在大尺度上概念更容易表达；较小的尺度则用于设计工作。概念想法应该先行，然后进行具体设计。大尺度有助于避免在构思时陷入设计。瑞典卡尔斯塔德的桑德鲁德公园的早期草图是以大约1：2000的比例绘制的。

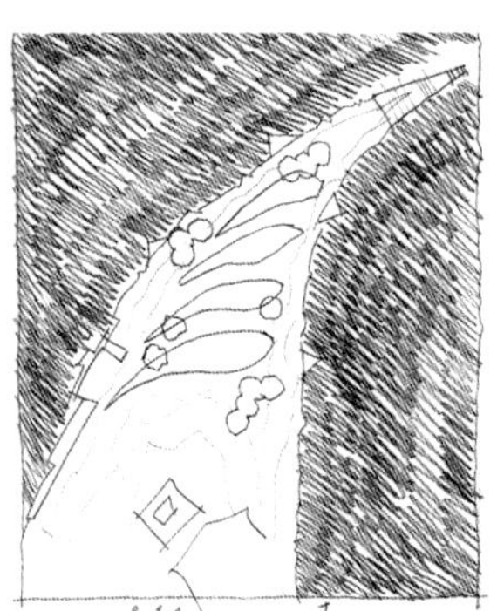

0924

标高：不要把标高拉平。相反，用标高使你的设计更戏剧化。如果你的场地缺乏坡度，请造出它们。在瑞士巴塞尔诺华校园的物理花园，条纹花坛在地面倾斜40cm。这样就可以让参观者从上面看到图案，就像我们看到一幅画或地毯一样。跨过的路径强化了标高下降的效果。

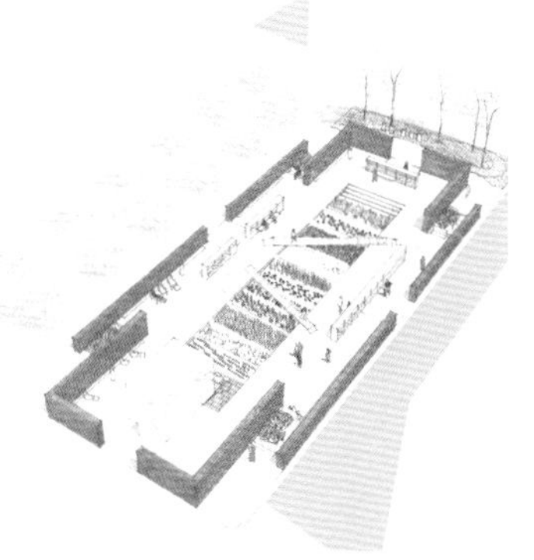

0925

注意边缘：广场的边缘是人们想去的地方。看和被看是城市生活和社会空间的核心，沿着边缘为这种情况提供了条件。在瑞典斯德哥尔摩的斯科维克斯塔格特，边缘由两条长木栈道构成，这两条长木栈道在两侧框住广场。木栈道上设有正式和非正式的座位。

0926

设计结合黄昏：黄昏是一天中丰富的那部分。黄昏时阴影变长，光线变化在晚些时候更迅速。在傍晚度过的1h将展示各种各样的黄昏特色。如果设计中包含水，那么光的反射将增加体验。瑞典，卡尔斯塔德，桑德鲁德公园滨河散步区（*Riverside promenade at Sandgrund Park, Karlstad, Sweden*）。

0927 ➤

借景：在日本18世纪的花园里，借用周围风景的手法有自己的表达方式——借景（shakkei）。洛桑综合理工学院的场地缺乏特色景观，但远眺阿尔卑斯山，却令人惊叹。利用这一视线设计了彼埃尔景观大道，其为一个长方形的倾斜的广场，面向景观，散布着松树。

◀ 0928

大尺寸：与建筑相反，人体的尺度不是景观的基准。在景观中，相对的尺度就是你所看到的。位于希斯塔的斯坦贝克广场配有四个大型雕塑植物种植池。这些种植池都包含自己的植物栖息地，代表着世界的不同角落，作为斯德哥尔摩郊区这个多元文化社会的标志。

0929 ➤

简单修饰：特别是在具有内在自然美景的场地上，要简单修饰。避免夸张的动作和沉重的设计。在斯德哥尔摩南部的温特维肯公园，现有的草坪形状像一个浅碗。这个碗的形状通过系列扇形的低矮花岗岩路缘加强，阐明了微妙的景观形态，并赋予它方向感。

0930 ▼

使用再利用：在霍姆斯布鲁克的遗产工业景观中，一个大的管状油质容器搁置在一个架子上，它面对瀑布。虽然管子原本没有用途，但是切开它并在里面安装了透明地板和座位，这个历史遗迹被赋予了新的用途和意义。今天，游客可以在这个重复使用的管内走动，并看到旁边瀑布的景色。

TN PLUS Landscape architects

法国

30 Boulevard Richard Lenoir
75011 Paris, France
Tel : +33 1 43 55 42 07
www.tnplus.fr

0931

半岛：公园蜿蜒曲折创造岛屿和半岛。

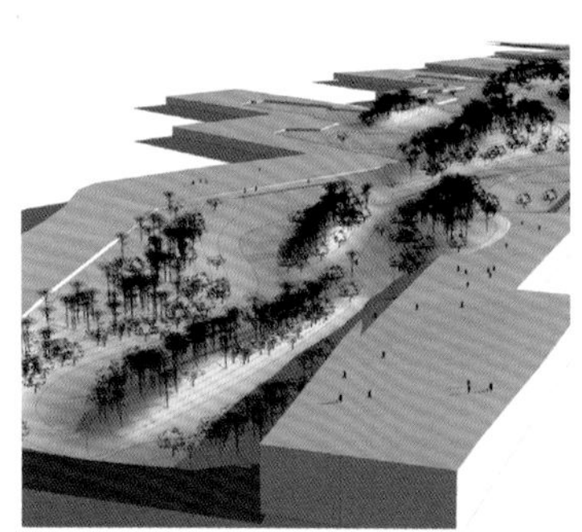

0932

坐：这种由亚克力制作的彩色座凳元素分散在主广场上。它们为社交生活创造了一个场景，其“糖果”般的、有光泽的、半透明的外观和鲜艳的色彩与周围建于20世纪70年代的高层建筑的朴素形成了视觉对比。

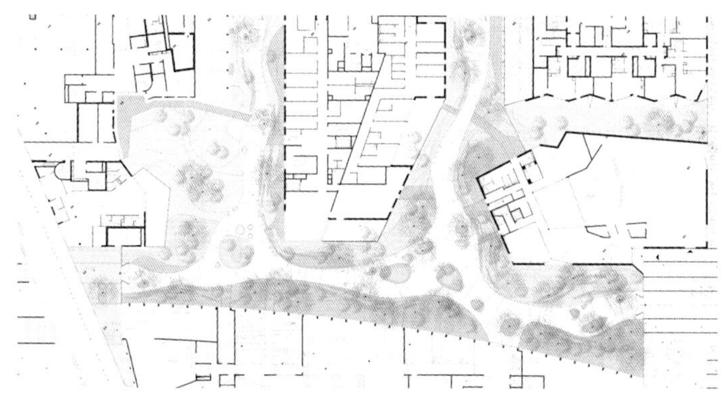

0934

叠加：花园的主要混凝土步道实际上是“浮”在花园的土壤上，以便让水自由循环。所有的降雨都直接渗透到土壤中。由于通道上有许多圆形穿孔其被周围的植被覆盖。花园看起来在创建通道之前很久就存在了，步道在不接触地面的情况下轻柔地与花园叠加。

0933

倒影：地面照出了天空的倒影。主广场上的水池反射表面使景观倍增。

0935

溪流：该项目旨在将这个古老工业渠道的不同景观部分相互连接，并建立新的景观对话。渠道是一个轴线，它影响它的周围和整个更宽的区域。该项目始于一条溪流，像河流和沟壑一样，在某些时候变得狭窄，而不是张开，然后分支并在某些地方根据景观的特征重新交汇。

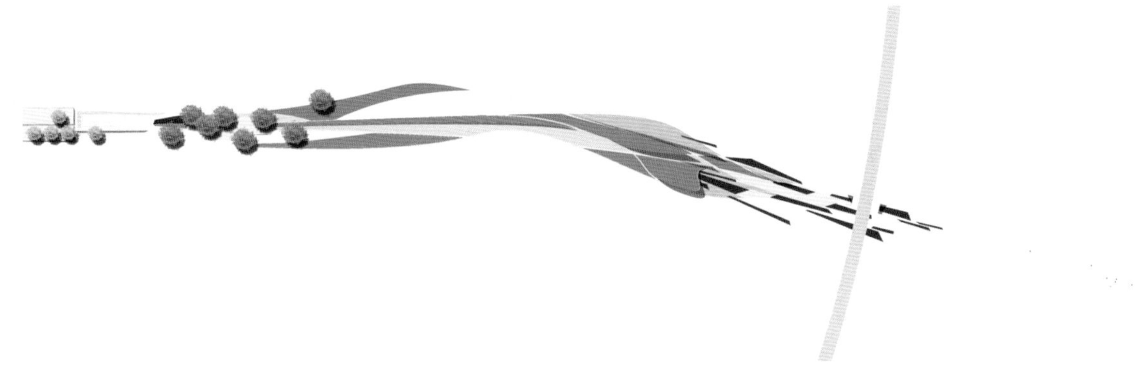

0936

隔离：动物园可以成为一种强有力的工具，不仅可以提高对动物保护的认识，还可以提高生态系统脆弱平衡的意识。动物园位于岛上的事实有助于创造一种“诺亚方舟”效应，动物园对那些在其自然栖息地中处于危险中的动物看来，有时甚至是真正的动物庇护所。

0937

灵感：首尔这个巨大的城郊公园的地形和水文的灵感来自附近汉江的多雨环境。新的山丘和水库遵循叠加和交叉的同心圆的模式，灵感来自雨水在河面上留下的短暂的图画。

0938

制图：花时间用于大型项目的制图是理解景观的最佳方式。绘图的过程有助于我们更好地了解我们周围的世界以及重新绘制地形的线条和曲线，分析城市密度的图形模式，解译航拍的质感和颜色。

0940

层次：这个项目将花园的地面分开，这被认为是通道系统的生命和“天然”基础，它成为所有矿物和技术元素的支撑。

0939

圈占地：当代动物园中的动物展览既不应该更像是把动物围起来，也不应该像把游客围了起来。相反，它们应该为展示动物在远方的自然栖息地提供一个窗口。作为虚拟窗口建造的圈占地在这种沉浸式的心理过程中起着重要作用。

TOPOTEK 1 Gesellscaft von Landschafts Architekten

德国

10178 Berlin, Germany
Tel.: +49 30 246 25 80
www.topotek1.de

0941

不应该让孩子玩你的粉色塑料性玩具。德国，沃尔夫斯堡，国家花园展，临时游乐场，2004年（*Temporary Playground, State Garden Show, Wolfsburg, Germany, 2004*）。

0942

你不应该在地上沿着黄色条纹画画，而可以只画自己的条纹。德国，柏林斯宾多，玛塞拉克运动公园，2006年（*Sport park Maselake, Berlin Spandau, Germany, 2006*）。

0943

不要困惑。这不是你优雅的新客厅。德国，柏林，布罗迪32~34号，林登庭院，2006年（*Courtyard Unter den Linden, 32-34, Broderie Urbaine, Berlin, Germany, 2006*）。

0944

你不应该在线之间停车，尤其是如果你有一辆红色的汽车——你可能会失去它。德国，柏林，库佩尼克，凯亚克市场停车场，2007年（*Kaiak Market Parking, Berlin-Köpenick, Germany, 2007*）。

0945

大使馆是一件严肃的事情。由假水做的湖泊可能令人困惑。波兰，华沙，德国大使馆，2009年（*German Embassy, Warsaw, Poland, 2009*）。

0946

你可以用漂亮的包装包裹一个傻傻的礼物。它会成功的。意大利，米兰，公共空间是个人事物：锁定新鲜，2010年（*Public space is a personal affaire: Locked in Freshness, Milan, Italy, 2010*）。

0947

如果你在火车上，你要小心别让口袋里的种子掉出来。这可能是危险的。意大利，波坦察，特里诺植物园，2009年（*Treno Botanico, Potenza, Italy, 2009*）。

0948

你不应该在假草上骑鞍马，它会改变你的真实感。德国，慕尼黑，特雷恩赫河，铁路覆盖物，2010年（*Railway Cover, Theresienhöhe, Munich, Germany, 2010*）。

0949

做运动对身体有益。"绿色"对头脑健康有益。海伦斯丘里让你感觉很好。瑞士，苏黎世，海伦斯丘里，体育设施，2010年（*Sports Facilities, Heerenschürli, Zurich, Switzerland, 2010*）。

0950

不应该在漂浮的野餐区野餐。你的脚会被弄湿。德国，什未林，国家园林展，2009年（*National Garden Show, Schwerin, Germany, 2009*）。

Turen Scape

中国

Room 401 Innovation Center, Peking University Science Park 127-1, Zhongguancun North Street, Haidian District
Beijing, 109590 P. R. China
Tel.: +86 10 6296-7408
www.turenscape.com/english

0951

带状图案的植物群落是为突出湿地的过滤和清洁功能。上海后滩公园（*Shanghai Houtan Park*）。

0952

丰产的景观很美。中国沈阳建筑大学稻田校园（*The rice paddy campus of Shenyang Jianzhu University, China*）。

0953

漂浮在湿地之上。上海后滩公园（*Shanghai Houtan Park*）。

0954

只需挖出湖泊来汇集雨水，让大自然做其余的事情。天津桥园公园（*Tianjin Qiaoyuan Park*）。

0955

想象如何使美成为景观的一部分。天津桥园公园（*Tianjin Qiaoyuan Park*）。

0956
红飘带的理念是以最少的干预使凌乱的自然变得有吸引力。秦皇岛红飘带公园（*Qinhuangdao Red Ribbon Park.*）。

0957
乡土美学。中山岐江公园（*Zhongshan Shipyard Park*）。

0958
超越功能。睢宁流云水袖桥（*Suining Skywalk*）。

◄ 0959

场地水位变化的自适应解决方案。中山岐江公园（*Zhongshan Shipyard Park*）。

0960 ►

基础设施作为景观。睢宁流云水袖桥（*Suining Skywalk*）。

Vazio S/A | Arquitetura e Urbanismo

巴西

Rua Raul Pompeia 225
Belo Horizonte, MG 30330 080, Brazil
Tel.: +55 31 3286 3869
www.vazio.com.br

0962
作为面向热带地区强烈阳光的过滤网，蒙得维的亚285号楼通过调整景观使早晨温度降低了，这样在巴西的这座楼房可以免用空调了。贝洛奥里藏特，蒙得维的亚285号（*285 Montevideo, Belo Horizonte*）。

0961
当从室外看时，室内设计看起来比在内部看好多了。巴西，新利马，假肢花园（*Prostheses Garden, Nova Lima, Brazil*）。

0963
也许景观设计的未来并不是与自然的尊重或道德的关系，而是处于破坏和建构、拒绝和顺从之间的一种关系。巴西，新利马，假肢花园（*Prostheses Garden, Nova Lima, Brazil*）。

0964
在贫民区中的健身器材，用颜色将其与周围的公园分开。贝洛奥里藏特，帕特克达特里拉阿瓜（*Parque da Terceira Agua, Belo Horizonte*）。

0965

空置地块的杂草是城市生态系统的重要组成部分，在这个名为“地形失忆”的项目中，杂草被视为景观设计中主要的和唯一的要素。城市空处是重新思考城市本质的一种方式，重新使用这些空处可以为我们带来新的机遇和解决方案。贝洛奥里藏特，地形失忆II（*Topographical Amnesias II, Belo Horizonte*）。

0967

绿色（自然）不是纯粹的，它已经与洋红色（城市和人造的一切）混在一起了。设计专业的最佳未来可能是在人工物品与自然之间的糟糕的对话中，而不仅仅是在建筑的自然化中。巴西，新利马，假肢花园（*Prostheses Garden, Nova Lima, Brazil*）。

0969

模型是研究和探索色彩、尺度和体量的工具，尤其是当模型材料与参照物不相似时。里约热内卢，2007年里约泛美运动会（*Rio 2007 Pan-American Games, Rio de Janeiro*）。

0966

良好的景观设计可以在废弃的地方或任何地方找到。设计可以是赞美杂草的一种微妙方式，也是对传统景观设计提出质疑的一个词汇。贝洛奥里藏特，地形失忆II（*Topographical Amnesias II, Belo Horizonte*）。

0968

能源可以是一种景观，尤其是当其与天然元素结合并作为能源收集器时。马德里，瓦尔德贝斯公园（*Valdebebas Park, Madrid*）。

0970

互补色（绿色x洋红色）是说明人工制品与自然之间对立的一种方式。巴西，新利马，假肢花园（*Prostheses Garden, Nova Lima, Brazil*）。

Verdier Landscape Design Studio
Corporate House Building

乌拉圭

Av. Gral Rivera, 6329 Of. 3
11500 Montevideo, Uruguay
Tel.: +5982 604 2489
www.estudiopaisajisticoverdier.com

0971 ▲

“酒吧”是采用一个热带海滩元素引入到另一个氛围（埃斯特角城，高度城市化）中，是功能和美学互相调和的结果。其产生一个小气候、一个遮阴棚、一个宜人的洞、一个小屋。具有象征意义的是，其自然物质和有机形状很好地组织着建筑和植物世界。

0972 ▼

在这个与房子相连的小花园里，在一个倾斜的区域有果树景观道。由于缺乏可用空间所以需要严格的几何形布局来优化种植数量，而且项目将兴趣转移到对这些植物的感受和景观道不可预测的丰富性。

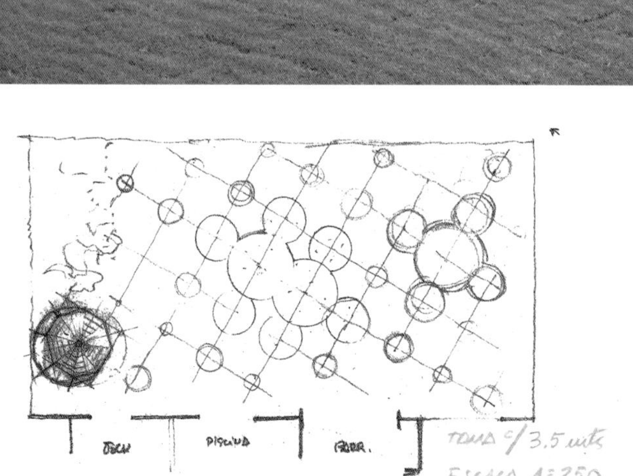

0973

象征性的贡献是引入森林来缓解多余的建筑形状，在技术上的贡献是使其生长在混凝土结构板上。

0974

必须通过调查环境中的动植物来解决项目问题。该项目使用动物群作为一种与活力的联系，使其适应环境，作为场地实际的消费者对使用者有益。就设计的泻湖规模而言，鸟类的活力促进了人们对这个地方的感知。相比之下，视觉的、异国情调的日本花园更像是一个三维图片，给缓慢沉默的乌龟一个住处。

0975 

快船（Proa）代表一个极简主义建筑，一个朴实、坚固、粗糙、多岩石的位置，它被整合在蓬塔巴莱纳的景观中，而没有植物围栏。石头、橄榄树、薰衣草、迷迭香、莫邪菊。在这种情况下，石头被清洗、搬运和放置以增加其表达。它服从于场地已存在的情况。

0976

意大利风格。我们设计了一个适合大型豪宅风格的花园，主要以宏伟的台地花园大道（草、‘普罗旺斯’薰衣草、环植棕榈树和玫瑰）发展而来。在这种情况下，覆盖石头以放置植物。挖出2m × 2m × 3m的大型盆地，种植棕榈树。

Daniel Vázquez Ferrari

0977

将现有元素融入景观设计中。房子周围有5个主题花园，其特色和用途各不相同。沿着边缘行驶的小火车可以让游客以有趣的方式欣赏花园美景。

0978

花园与法国风格的建筑相协调，并适应当地气候条件。玫瑰每年开花11个月，因为面向大海，冬季有强烈的寒风，夏季炎热，温度和盐露变化突然，所以要研究玫瑰和它们的杂交种，选择合适的品种。花园里总是有各种各样的花。

0979

这个想法是把一个多层结构的种植区与花园的常规尺寸相结合。菜园需要加强与植物的重要联系。视觉、嗅觉、可步行方面都与以食物为导向的快乐相关联。这个花园有味道。

0980

住宅/花园是原型的变体，有边界通道和可观看日落的大型全景露台。这个露台被水池/湖泊隔开。有一个五角星型的多层线形花园，有一系列成排的蔬菜，其节奏、颜色、质感和多样性产生了变化的视觉音乐性（古典的、印象派的、野兽派的）。

Verzone Woods Architectes.
Paysage, urbanisme, architecture

瑞士

La Cure
CH-1659 Rougemont, Switzerland
Tel.: +41 26 925 9492
www.vwa.ch

0981

从地平面开始。

0982

重新诠释世俗。

0983

引入一个原型。

0984

多尺度工作。

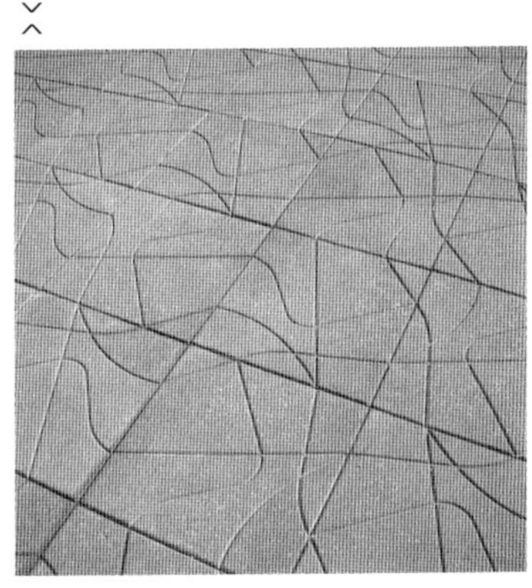

0985 ▲
玩得高兴。

◄ 0986
介于景观和建筑之间。

0987 ►
管理水。

0988
构建重叠系统。

0989
不要割草。

0990
再做一遍。

Ye Luo/SWA Group
SWA San Francisco

美国

55 New Montgomery Street, Suite 888
San Francisco, CA 94105 3446, USA
Tel.: +1 415 836 8770
www.swagroup.com

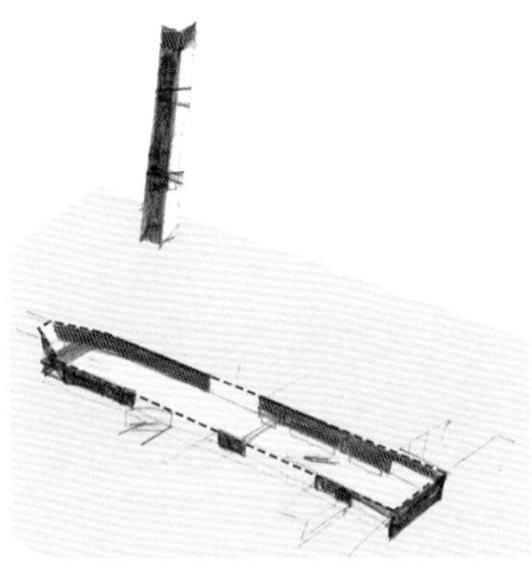

0991
通过绘图来思考，让它发展：根据其文脉产生一个大胆的想法。

0992
通过绘图来思考，让它发展：减少用Photoshop进行的处理有助于将草图背后的概念具体化。

0994
使想法大胆、清晰、融合于其文脉。

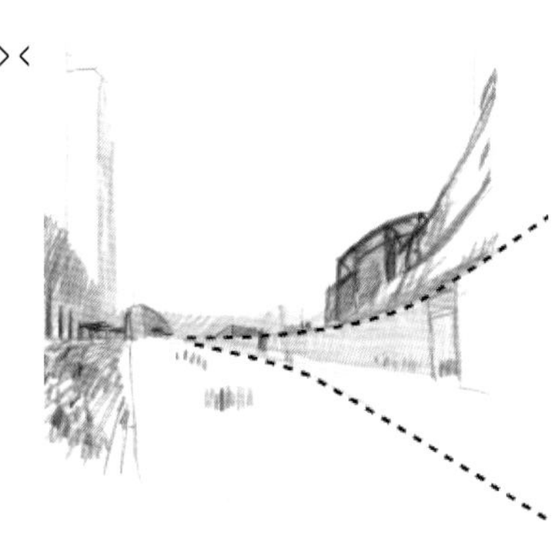

0993
通过绘图来思考，让它发展：尽管听起来很过时，但它确实有助于理解空间，并有效地表达思想。

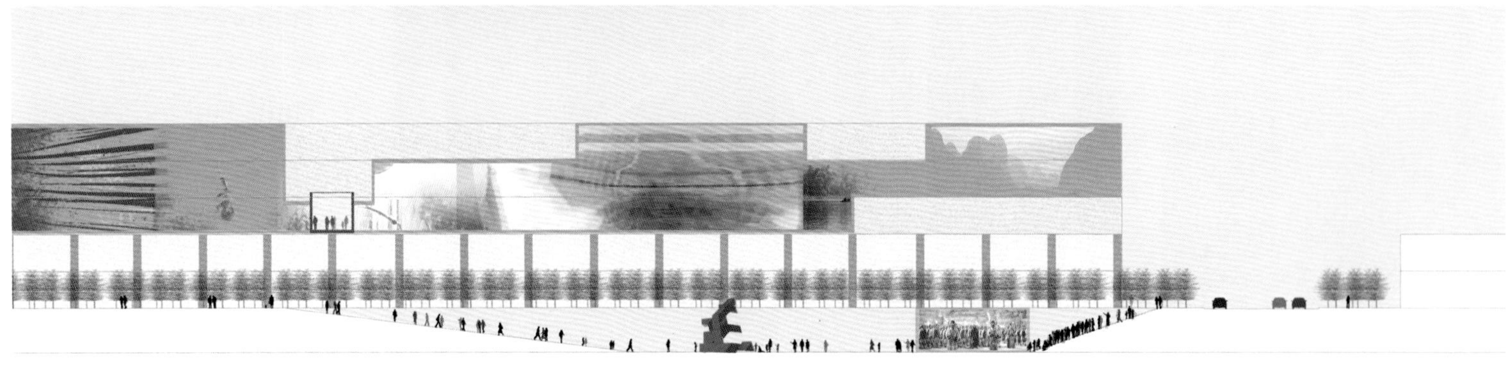

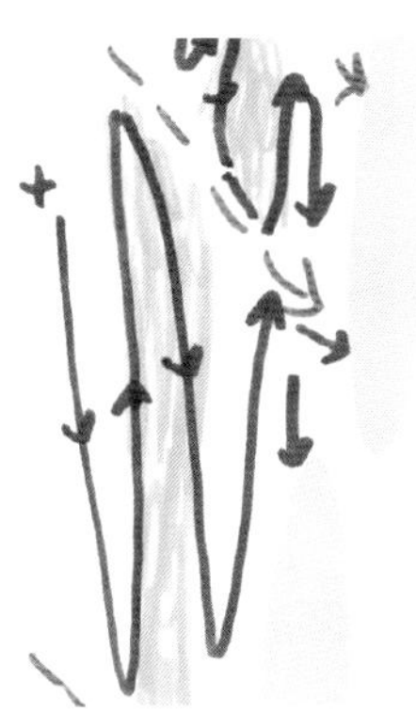

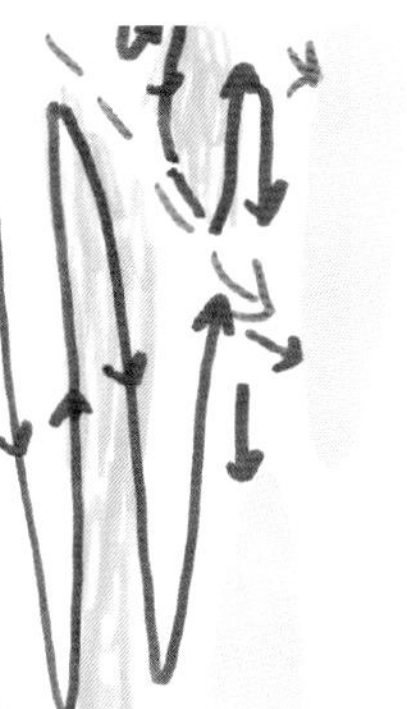

0995

尝试整合各种成分：文脉、生态系统以及空间的性质。

0996

对于一个有意义的地方来说，尺度和概念是关键因素，而正确的色彩构成有助于传达其氛围。

0997

通常，速写是讲故事的更好方式。

0998

景观设计是将功能性方面（即活动安排、排水等）作为土地雕刻和场所制造的一部分。

0999

自由思考：简单的建模可以是草图的另一种方式。

1000

自由思考：设计发生在每个尺度和每个媒介上。